ネコの気持ちがわかる50のポイント

加藤由子

はじめに

つい最近、わが家からネコの姿が消えました。私にとっての最後のネコが死んだからです。自分の年齢を考えると、新しくネコを迎えることはもうできません。だから、いまいるネコが死んだらネコのいない暮らしが始まるのだと数年前から心の準備をしていたはずなのに、実際に“ネコのいない家”が現実になったとき、その風景はあまりにも殺風景で、家が息をしていないと思ったほどでした。

家で仕事をしているので毎日、ネコといっしょにすごしていましたが、あくまで私はネコたちの飼い主としてクールに接しているつもりだったので、思わず「置いていかれちゃった」とつぶやいた自分にやや驚きました。ネコの存在がいかに大きなものだったかということに私は初めて気づいたのでした。

子どものころからわが家にはいつもネコがいましたが、放し飼いでしたし、私も外で遊ぶのに忙しかったので、ネコは1日のうちのほんの数時間をともにすごすだけの友だちでした。30代でひとり暮らしを

始め、ネコを室内飼いにしたときから、ネコは観察の対象になりました。なにしろ、たいして広くない集合住宅の部屋に一日中いる、私の視野のどこかにネコたちはかならず入っていて、すべての動きを私はいながらにして観察できたのです。このラクチンな観察対象は、「いったい何をしてるの？」という不思議な行動をたくさん見せてくれました。そして、その不思議な行動の意味を自分なりに推測してみるのは、とても楽しい作業でした。

ネコの放し飼いが当たり前だった時代、ネコたちは人間の目の届かない場所にいる時間が長かったので、何をしているのかよくわからなかったといっていいでしょう。それが室内飼いでは、すべての行動が人の目の前で行われるのです。見たことのない行動もありました。自然界では意味のある行動が、家の中ゆえに変化していると思えるものもあり、トンチンカンなことを大真面目な顔でやるので大笑いをさせられることも多々ありました。

また、一日中、人のそばにいるネコは人を仲間だと思い、仲間としての行動を人に対してもとるようになります。私が昼寝をするとネコたちは私の顔の周りに集まって“ネコダンゴ”をつくるのですが、そのときは「ネコは私をネコだと思っているのか、それとも…」と考えました。でも、いつも答えを出すより眠りに落ちるのが先でした。ダンゴになろうとして、鼻先をとにかくねじ込んでくるネコの鼻息が心地よくて、思考停止するからです。けっきょくのところ、クールを自負していた私もネコとの暮らしにドップリと浸かっていたようです。それに気づかないほど、ネコたちの存在は当たり前の日常になっていたということなのでしょう。そんな暮らしが40年間も続き、そして終わったのでした。

いま、改めて考えると、私とネコとの関係は室内飼いゆえに生まれたのだと思います。一日中、そばにいる関係が親子のような兄弟のような仲間意識を育て、ネコたちは私にとって、いい相棒だったという気がしています。

ネコという相棒との暮らしは遊び心満載で、心豊かで哲学的でもありました。ネコの行動を理解することでネコの気持ちが理解でき、ネコの気持ちを理解することでネコそれぞれの個性が見えたとき、「ネコ」ではなく「まる」とか「フー」とか「チビ」という確固とした存在として対峙する楽しさがあったのでしょう。この本を読んだ人たちにも同じことを感じてほしいと思います。そしてよき相棒との暮らしを最後まで楽しんでほしいと願っています。

2024 年 2 月
加藤 由子

もくじ

第1章

ネコの心を知って
よい関係を

01 ネコは考えるというより「感じている」

「ネコはなにを考えているのだろう。それが知りたい」という人はたくさんいます。ジーッと顔を見られたりすると、そう思うのも無理のないことかもしれません。でもネコは「なにかを考えている」というよりも「なにかを感じている」というべき動物なのです。もちろん、「どうやったら○○ができるか？」というようなときは、多少考えてはいるようですが、それでも直感に頼っているといっていいでしょう。少なくとも、複雑なことは考えていないと思って間違いありません。一点を見つめ沈思黙考(ちんしもっこう)しているように見えても、実はボーッとしているだけで、そのうち船をこぎ始めるのがオチでしょう。

決してネコをバカにしていっているのではありません。「感じている」ということを大切にしてほしいのです。複雑なことを考えることができるのなら、「さっきはごめんね」や「あとで○○してあげる」が通用しますが、「感じている」が主流なら「感じた」ことがすべてなのです。そして「感じた」ことの積み重ねが、そのまま飼い主との関係をつくりあげていくのです。飼い主の顔を見ると恐怖を感じるのなら、飼い主との関係は悲惨としかいいようがありません。

ネコは、素直に喜びや安心や不安や不満を感じる生き物で、うらみやねたみ、嫌がらせなどとは縁がありません。そして素直に受け取る感情の中でネコがなによりも求めているのは「安心」なのです。安心の中で飼い主の愛情を受け取るときに、ネコは幸せを感じます。つまり私たちが読み取るべきは、ネコの安心の度合いなのです。その上で、不安材料と不満材料を取り除くために、ネコがなにを感じているのかを知る必要があるのです。

ネコはなにを考えているのか

実はボーッとしているだけ。そのうち眠り込む。

ネコは複雑なことは考えていない。単純にうれしいとか不安だとか怖いとか感じる動物。

02 ネコにはネコの生き方がある

ペットの代表であるイヌとネコは、昔から人類と長いつきあいを続けてきました。とはいうものの、イヌとネコとでは性格がまったく違います。動物本来の性格が異なるのです。

イヌは群れ生活をする動物で、群れのメンバー内に序列をつくり、その上下関係の中で暮らします。だから人に飼われると、飼い主の家族を自分の群れとみなし、家族を群れのメンバーとみなして上下関係をつくるのです。イヌが飼い主に従うのは、飼い主を群れのリーダーとみなしているからです。

ところがネコは、単独生活者ですから、群れもリーダーもつくりません。それゆえに「上の者に従う」とか「周りに合わせる」という感覚もありません。当然、飼い主の言うことなど聞きませんから「ネコは自分勝手でワガママ」といわれます。「協調性がない」「ゴーイングマイウェイ」「気まぐれ」「KY」と、けっこうメチャクチャにいわれています。

でもネコとしては、それが正統な生き方なのです。先祖代々そうやって生きてきたし、それがネコのアイデンティティなのです。イヌと同じく群れ生活をする人間には、イヌの気持ちのほうが理解しやすいだけで、人と同じモノサシをネコに当てはめても意味のないことです。イヌや人とは違うモノサシをネコが持っていることを、理解する努力をしたいものです。

動物の“種”それぞれが持つ、それぞれの生き方を理解することは、人にしかできません。この能力を発揮してこそ、ネコとの豊かなつきあいが可能になります。よき理解者としてネコを愛し、深い絆を結ぶことができるのです。

ネコとイヌは大きく違う

ネコの生き方

・自分が正義。・ひとりで行動するのが当たり前。
・自分で自分の身を守る。　　・嫌なことは嫌。

イヌの生き方

・飼い主が正義。　　　・飼い主の家族を守りたい。
・飼い主といっしょに行動したい。
・嫌なことでも、飼い主の命令ならがまんする。

子ネコ気分のまま、飼い主に甘える

では、単独生活者であり仲間意識とは無縁のネコが、なぜ人になつくのでしょう。なぜ人に甘え、同じ布団(ふとん)で枕を並べていっしょに寝ようとするのでしょうか。それは、飼いネコがいつまでも子ネコの気分を持ち続けるからです。死ぬまで子ネコの心のままでいるからなのです。

野生の場合、子ネコはいっしょに生まれた兄弟ネコや母ネコとともに暮らし、母ネコに甘え、めんどうをみてもらい、兄弟ネコとともに遊びながら成長します。ところがある日、子ネコたちは母ネコに追い出されるのです。いつまでも母ネコのもとで暮らしたいと思っているのに、母ネコの執拗(しつよう)な攻撃に耐えきれず、泣く泣く母ネコのもとを去るのです。「子別れ」といわれるもので、これをキッカケに子ネコたちは独立します。つまり、おとなネコの気分になり、自分だけのなわばりをつくり、単独生活を始めるわけです。

人に飼われたネコの場合、飼い主がまるで母ネコのようにかわいがり、めんどうをみて、決して追い出すことはありません。だからネコは、いつまでも子ネコの気分のままなのです。「おとなの気持ちになるキッカケ、単独生活を始めるチャンスがない」わけです。だから、死ぬまで子ネコの気分のままで、子ネコのように飼い主に甘え、飼い主と遊びながら暮らすのです。

もし飼いネコが、本気でおとなネコの気分になったとしたら、人とともに仲良く暮らすことはできないでしょう。ネコと人とは、疑似親子または疑似兄弟の関係にあるからこそ、お互いに交流しながら暮らすことができるのです。ネコが"永遠の子ネコ"であるからこそ、ネコと人は愛情を育むことができるのです。

飼いネコは一生、子ネコ気分のままでいる

野生のネコには、子別れがある。子別れによってネコはおとなに成長できる。

飼い主はネコを追い出さない。いつまでも母ネコのようにめんどうをみる。

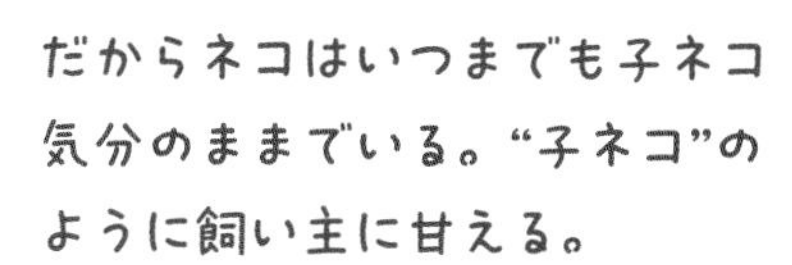

だからネコはいつまでも子ネコ気分のままでいる。“子ネコ”のように飼い主に甘える。

人とネコとは“親子関係”

人とイヌとは、リーダーと群れのメンバーという関係。そこがネコとイヌとの大きな違い。

03 ネコと人とは価値観が違う

ネコを飼うと、人はネコと人とを同一視しがちです。信頼しきって甘えてくる姿が、人の理性を失わせるからなのでしょうか。同一視することが愛情だと思ってしまうのかもしれないとも思います。

でもネコはネコであり、人とは違う生き物です。ネコにはネコとしての価値観があり、人には人としての価値観があり、ものの感じ方は、それぞれに違うのです。ネコを低く見ていっているのではありません。"種"の違う動物はみな、それぞれの価値観を持っているもので、そう考えるのは科学でもあるのです。

たとえば、ネコが布団の上でオシッコをしたとします。人間にしてみれば、「とんでもない」ことですから、つい、「悪いことをするネコだ」とか「嫌がらせをされた」と思ってしまいます。だから腹も立てますし、叱(しか)りもします。

でもネコには、「布団の上でオシッコをしてはいけない」という発想はないのです。だから「悪いこと」をしたとは思ってもいません。さらに、オシッコでぬれた布団の処理は大変だという発想もネコにはありませんから、それが「嫌がらせ」になるとは想像もつかないことです。

ネコには、布団の上でしかオシッコができない理由がなにかあっただけなのです。尿意という、せっぱつまった欲求をやっとはたせただけなのに、叱られ、ぬれた布団の前でわけのわからない怒声をあびるのです。理不尽でしょう。「悪いこと」と「よいこと」の基準は、人とネコとでは違うのです。叱られることが意味を持つのは、やった"本人"が、それを悪いことだと知っているときで、悪いことをしたと思わないのに叱られたら、性格がゆがむだけです。

ネコと人の価値観

トイレのあとは、お尻を“なめてきれいに”する。人間には考えられない。

人前でも気にせず交尾。ネコにとっては“秘め事”ではない。

人が「おいしい」と思うものが、ネコにも「おいしい」わけではない。

顔のよしあし、姿のよしあしなどネコはかまわない。

ネコは「たまには旅行に行きたい」と思わない

「楽しい暮らし」の基準も、ネコと人とでは違います。人は、趣味やレジャーで「非日常」を求めますが、ネコは「いつもと同じ暮らし」を望みます。人は、「たまには知らない土地に行ってみたい」と思いますが、ネコは「知らない土地には行きたくない」と思っています。昨日が平和な1日だったなら、今日も昨日と同じ暮らしがしたい、そう思うのがネコなのです。

ネコは自分のなわばりをつくり、その中で暮らす動物です。なわばりとは、なれ親しんだ場所であり、安心できる空間で、なわばりの中にいるかぎり、ネコはリラックスしていられます。なわばりの外に出たとたん、ネコは不安になり緊張するのです。

人は「適度な緊張感」をたまに望みますが、ネコはできるだけ緊張せずにすごしたいと思っています。だから、よほどのことがないかぎり、なわばりの外に出ようとはしません。出るとしたら、敵に追いかけられて逃げるときか、発情期にわれを忘れて異性を求めるとき、またはエサを求めて放浪せざるをえないときくらいです。

そんなネコが、飼い主といっしょに旅行に行きたいと思うはずがありません。イヌは飼い主とともにいることがいちばんの幸せだと思っていますから、飼い主といっしょなら、どこへでも行きますが、ネコは、住みなれた空間にいることがいちばんだと思っているので、飼い主が留守でも、家にいることを望むのです。

ネコの価値観が人とは違うことを理解して、その価値観を守りたいと思わなければ、ネコに快適で幸せな暮らしを実現させてやることはできません。いかにネコとの絆が強くても、ネコはネコの“人生”を生きていることを認める努力が必要なのです。

ネコは知らない土地に行きたくない

だから、病院に連れて行こうとすると鳴きわめく。病院が怖いのではない。安心できる家から連れ出されることが怖い。

その証拠に「温泉に行く」といっても鳴きわめく。

不安のあまり「とにかく逃げよう」とする。知らない土地で逃げ出したら、迷子になるしかない。

04 ネコの性格は十猫十色

ネコにはネコの、イヌにはイヌ本来の性格があると前に述べました。ではネコであれば、みな同じような性格をしているのかというと、決してそうではありません。人の性格がそれぞれ違っているように、ネコの性格もみな違います。それぞれに個性があって、まさに十猫十色です。

キャットフードが普及するまで、ネコたちは自分で狩りをして暮らしていました。人に飼われエサをもらってはいても、それは家庭の残飯であり、完璧な肉食動物であるネコにとっては栄養が足りなかったからです。放し飼いが当たり前だったネコたちは、ネズミや小鳥や虫を捕って"自活"していたといっていいでしょう。

ということは、狩りの能力のないネコは長生きができなかったということになります。長生きができなければ子孫を残すチャンスも少なくて、狩りがへたな、つまり野性味の少ないネコの遺伝子は減る一方だったと考えられます。ネコの多くは、狩りのうまい野性味豊かな性格で、"ネコらしくない"ユニークなネコは少なかったはずなのです。

ところが、1970年代から始まったキャットフードの普及で、ネコたちは狩りをする必要がなくなったのです。つまり野性味のないネコも長生きが可能になり、子孫を残せるようになりました。そのネコたちは、野性味とは別のユニークな性格の遺伝子を残し始めたというわけです。だからいま、ネコたちはさまざまな性格を発揮しながら暮らしています。「ネコなのに○○」という言い方はもう通用しません。ネコ本来の性格の上に、さまざまな性格があるのです。今後もネコは、どんどんユニークになっていくと確信します。

十猫十色、いろんな性格のネコがいる

昔のネコは、こんなことをしたら即、どこかへ逃げてしまうものだった。

誰にでもあいきょうを振りまくネコもいれば、飼い主以外は絶対にダメなネコもいる。

知らない場所に連れて行かれても平気なネコ。昔は考えられなかった。

「お手」をするネコ。昔はやらせてみようと考える人さえいなかった。

安心しきっていれば豊かな個性が表れる

ネコがユニークな性格を発揮するようになったのは、遺伝子のせいばかりではありません。人との距離が、物理的にも精神的にも近くなったことも影響しています。その背景には、昔のような広い家が少なくなったこと、核家族や単身住まいが増えたこと、室内飼いが増えたことなどがあります。

いずれにしろ、ネコはいつも人の目の届くところにいて、いつも声をかけられたり抱かれたりするようになりました。昔よりずっとかわいがられ大切にされ、おかげでネコは安心しきって暮らすようにもなりました。その精神的な安定と余裕が、ネコに豊かな個性を発揮させているのだと考えられます。

居間のド真ん中で、ネコは安心しきって大の字になって昼寝をし、それをじゃまだと思う飼い主は、いまやいません。「かわいい」と思い、「そのまま寝ていていいよ」といい、もっと寝やすいように周りを整えたりもします。昔のネコは、へたをすれば蹴(け)とばされるかもしれない場所で昼寝などしませんでした。要するに、現代のネコは警戒心ゼロで、そして警戒心ゼロゆえに、ユニークな能力を発揮するのです。警戒するために使っていた神経を、ほかの分野に使っていると考えていいでしょう。「ニャア」と鳴けば、飼い主が「なぁに？」と振り向き、「あれがほしいの？」「こうしてほしいの？」と聞いてくれます。だんだんとネコは、要求によって鳴き方を変えれば、飼い主が“正しく”反応することを覚えるのです。どういうしぐさをすれば、飼い主を要求どおりに動かせるのかも覚えていきます。

かわいがられ大切にされることで、ネコはどんどんユニークな存在へと進化していくことになるのです。

大切にされることでネコはどんどん進化する

警戒心ゼロの状態でお昼寝

警戒するために使っていた神経をほかの分野に
使っている。つまり…

要求によって鳴き方を変えれば、飼い主が"正しく"反応する
ことを覚える。そしてどんどんユニークなネコへと進化！

05　本来、ネコの1才はもうおとな

ネコの寿命は15年前後ですから、ネコの7～8才はもう、立派な中年だと考えてよいわけです。キャットフードには「7才以上用」と表示されたものが数多くありますが、「7才をさかいに食生活を考えましょう。若いときと同じものを食べていたら生活習慣病の心配がありますよ」ということで、この点についての栄養学は、ネコも人も基本的に同じです。

それはともかく「7～8才が立派な中年なら、いったいネコは何才でおとなになると考えればいいのだ？」と思う人もいるでしょう。おとなとは基本的に性成熟する時期のことをいうわけですから、ネコが性成熟する時期がおとなになる時期と考えてよいわけです。ネコの性成熟は、だいたい生後1年前後です。人と同様、早熟なネコや"おくて"のネコもいますが、多くの場合、生後10～13か月というところです。

では、おとなになるまでの「子ども時代」はどうなのでしょう？　たとえばネコの生後1か月は、人の何才くらいに当たるのでしょうか。それを考える目安があります。それぞれの成長段階を対比させるという方法です。

まず、ネコの乳歯が生え始めるのは生後2～3週間、人の乳歯が生え始めるのは生後6～8か月です。だから、ネコの生後2～3週間が人の生後6～8か月とほぼ同じだと考えます。乳歯が生えそろうのが、ネコで生後約1か月、人で約2.5才。永久歯が生えそろうのがネコで生後約6か月、人で約12才。これらも、それぞれ、ほぼ同年齢と考えます。こうして発達段階をもとに対比すれば、おおよその目安として判断することができるわけです。

性成熟以降については、お互いの平均寿命をもとに単純計算して考えます。

ネコと人の年齢を対比させて考える

①誕生！

お互い0才。

②生後2～3週、乳歯が生える。
生後約1か月で生えそろう。

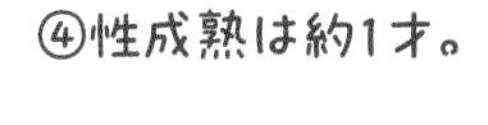

人は6～8か月で乳歯が生える。

③生後約3か月、永久歯が生える。
生後約6か月で生えそろう。

人は約12才で生えそろう。

④性成熟は約1才。

人は15～18才ごろ。

目安としてのネコの年齢早見表

ネコ	2週間	1か月	3か月	6か月	12か月	15か月	18か月	2年
人	6か月	2才	5才	12才	18才	20才	22才	24才

※2年以降は、1年で4才ずつ年を取っていく。

06 不妊手術はネコの尊厳を傷つけない

ネコには、自分がオスだとかメスだという認識がありません。交尾と妊娠と出産の因果関係も理解していません。発情すると、ただ本能に従って異性を求め、本能に従って交尾をするだけです。そしてメスは本能に従って巣をつくり、本能に従って出産をし、本能に従って子育てをするのです。すべては本能にインプットされていて、ネコはその指令に素直に従っているだけで、理屈はなにも存在しないのです。

もし本能の指令が出なかったら、ネコは「指令がない状態」に置かれるだけで、性衝動に関する指令がなければ、性行動とはまるで無縁になるだけです。たとえ、ほかのネコが交尾をしているのを見ても、なにをしているのかわからないはずです。

不妊手術をしたネコは、性成熟前の子ネコの状態になり、性衝動とは無縁の状態が続くわけです。ネコは、「昔、自分はオスだった」などとは思わないし、そもそも「オスってなに？」というところでしょう。去勢手術とはなにか、そして自分がなにをされたのかもわからないまま、手術をされたこと自体も、すぐに忘れてしまいます。だから不妊手術をすることが、ネコの尊厳を傷つけることには決してなりません。

一方で、不妊手術をすることによるメリットには非常に大きなものがあります。繁殖制限ができるだけでなく、ネコが元気で長生きできる要因がたくさんあるのです。昔、ネコの寿命は５年前後といわれていましたが、いまは15才前後といわれています。ここまで寿命がのびた理由の１つに、不妊手術の普及があることは事実です。そこにぜひ目を向けてほしいものです。

不妊手術をしていないネコの危険

異性を求めて無我夢中。
事故にあう可能性大！

オスどうしのケンカの
かみ傷、交尾のときの
かみ傷から重篤な病気
に感染する可能性！

子宮蓄膿症など、生殖器
の病気になる可能性がある。
老ネコは乳房腫瘍になる
可能性も。

夜中に鳴きわめくのは近所
迷惑。頭にくる人がいても
無理はないかも。

07 抱っこ嫌いなネコも抱けるようになる

ネコの性格はさまざまで、抱っこ大好きのネコもいれば、抱っこ嫌いのネコもいるものです。抱くたびに「嫌だ」と両手で突っ張られると、いくらネコの意志は尊重したいと思っていても悲しくなります。「たまには抱っこさせてくれ」と拝みたい気持ちになり、つい「抱っこ嫌いをなおせるか」と、まるで抱っこ嫌いが悪いことのような言い方をしてしまいます。ネコの気持ちを尊重するなら、「抱っこ好きに変えられるか」というべきですね。

方法はあります。抱っこされたり触られたりするのが嫌いでも、自分から人に触れることには抵抗のないネコは多いもので、それを利用するのです。

まず冬になるのを待ちましょう。そして寒い日に暖房を入れず、ソファーか床の上に座っていてください。床に座る場合はアグラをかくのがよいでしょう。ネコは暖かい寝場所で昼寝がしたいあまり、ヒザに乗ってくるはずです。ネコという生き物は、暖かい場所や涼しい場所を探し当てる能力がすぐれているのです。

ネコが乗ってきても手を出してはダメです。ネコのしたいようにさせ、ひたすらヒザの上を提供するだけにしてください。そのうちネコは眠り込みます。そうなったら、ソッと手をそえてだいじょうぶです。おおいに抱っこの感触を満喫してください。ネコがふと目覚めたら、手を離して知らん顔をしてください。

毎日やっているうちに、ネコはだんだんと触られることになれてきて、胸に抱くこともできるようになってきます。ただし何年もかけて、ならすつもりでやってください。あせってはダメです。風邪をひかないように気をつけながらやってください。

抱っこさせてくれないネコへの接し方

抱っこ嫌いのネコは
人に触られるのが嫌い。

でも自分が人に触ること
には抵抗がない。

ネコが触ってきても
手を出さず、したい
ようにさせておく。

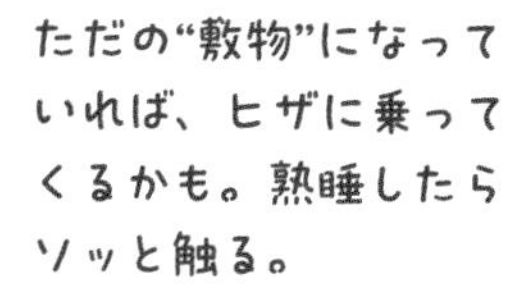

ただの"敷物"になって
いれば、ヒザに乗って
くるかも。熟睡したら
ソッと触る。

そうこうしているうちに、だんだんとなれるもの。

08 抱っこ好きなら全身マッサージを

触られるのが好きなネコには、全身マッサージを日課としましょう。ネコのツボは基本的に私たちと同じですから、自分がマッサージされると気持ちのいい場所をマッサージすればいいのです。ネコが気持ちよさそうな顔をするところ、そこがツボです。

まず顔を、毛の向きに従って指の腹でやさしくなでましょう。ネコが「もっと」という顔をしたら、そこを重点的にやってください。眼窩（眼球が入っている頭蓋骨の穴）の縁をていねいに指圧するのもいいでしょう。私たちも、ここを指圧すると気持ちがいいですが、ネコも同じ気持ちよさを感じるようです。

顔が終わったら、額の中央から頭頂部にかけて指圧します。頭蓋骨が筋のように盛り上がったところがありますが、そこを指の腹でモミモミと押していくと、ネコは「なかなか」という顔をします。

次は首から背中にかけてのマッサージです。左右の肩甲骨の間は、かなり気持ちがいいようです。あとは、前あしや後ろあしをやさしく握ってマッサージ。「元気になれ～」と念じながらやりましょう。

最後は、ヒザの上に仰向けに座らせて、お腹を「の」の字にマッサージします。ネコのお腹を正面から見て「の」の字を書くつもりでやってください。それが腸の中身が動いていく方向だからです。手のひら全体を使ってやってください。便秘症のネコの場合、かなりの効果がありますが、便秘症でなくとも、「気持ちいい～」という顔になることうけあいです。

ネコの性格によって、絆のつくり方もさまざまに違うのです。

上手なマッサージ法

顔を毛の向きに従って
指の腹でなでる。

額中央から頭頂部に
かけて指圧。

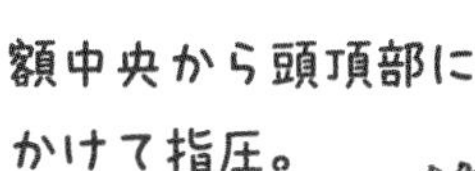

手とあしはやさしく握る。

首から背中にかけて
マッサージ。肩甲骨の間の
指圧はけっこう、喜ぶ。

ヒザの上でお腹の
「の」の字マッサージ。

09 あまり触られたくない場所がある

ネコの足裏の肉球はポヨポヨとして魅力的で、つい触ってしまいますが、多くの場合、ネコは肉球を触られるとサッと引っ込めます。「嫌がっている」ように見えますが、嫌がっているというよりも、肉球がとても敏感だから、つい「ヒエッ」と身を引いているのです。人間も敏感な場所を触られると「ヒエッ」と身を引きますが、あれと同じです。

肉球の皮膚は、毛の生えているほかの部分よりは厚いのですが、皮膚の内側には神経がたくさんあって敏感です。敏感だからこそ、不安定な場所を上手に歩くことができるのです。鈍感な足裏では、デコボコした場所でコケてしまいます。さらに肉球は脂肪と弾性繊維でできていますから、デコボコに足裏を密着させることもできます。

その上、ネコは肉球に滑り止めのしくみもあります。緊張すると肉球に汗をかくという方法です。ネコの体には肉球以外に汗腺はありません。ネコの汗は体温調節のためのものではなく、滑り止めのためなのです。私たち人間も緊張すると手に汗をかきますが、これはサルの仲間によく見られることで、木に登るときの滑り止めだったのです。ネコの肉球の汗もそれと同じです。

また、ポヨポヨで敏感な肉球は、狩りのときに音を立てずに獲物に忍び寄るというワザも可能にしています。音を消すためのクッションでもあるのです。ネコの肉球は、こんなにも多くの繊細で高度な働きをしているのです。敏感でないはずがありません。ただし、敏感であるということは、やさしく触れば「気持ちいい」ところでもあるのです。飼い主が愛情を込めてやさしく触れば、指を大きくパーに広げて気持ちよさそうな顔をします。乱暴な触り方には耐えられないというだけです。

肉球の秘密

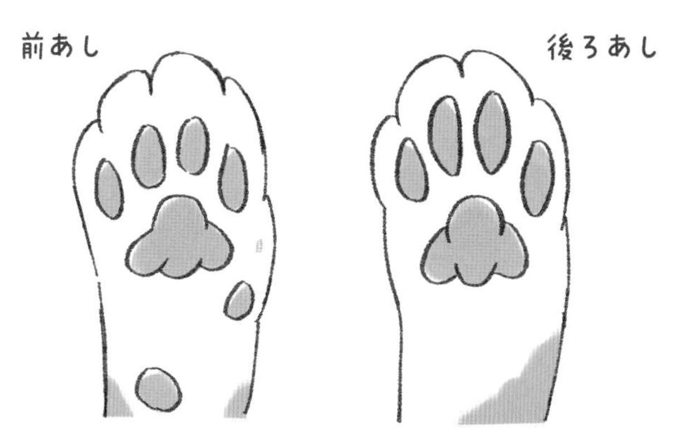

ポヨポヨの正体は脂肪と弾性繊維。
肉球の皮膚は厚いが、とても敏感。

だからどんなところも歩ける。
肉球にかく汗は
滑り止めの役目もしている。

ポヨポヨは音を立てずに
歩くためのクッション
にもなる。

10 風呂についてくるのは「つるみ癖」

昔、お風呂やトイレにいっしょに入りたがるネコは、あまりいませんでしたが、最近はどんどん増えています。飼い主との絆の形が変わってきたからです。

16ページで述べたように、飼いネコは、飼い主が一生、母ネコのように食事を与え続け、母ネコのようにかわいがり、決して追い出したりはしません。だからネコは、いくつになっても子ネコの気分のままなのです。子ネコのように飼い主に甘え、子ネコのように兄弟といっしょに遊びたいと思い続けます。それでも放し飼いのネコは、外に出たときだけはおとなの気分になります。そうでなければ、外の世界に対処できないからですが、その点、室内飼いのネコの場合は、その必要もありません。だから24時間、子ネコの気分でい続けます。お腹がすいたときは飼い主を母ネコとみなして甘え、お腹がいっぱいのときは、飼い主を兄弟とみなして、いっしょになにかをしようとします。

子ネコたちの遊びにはかならず「言い出しっぺ」がいるもので、誰かがなにかを始めると、全員がそれに“つるむ”傾向があります。飼い主が風呂やトイレに行くことも、ネコにとっては「言い出しっぺ」の行動で、だから“つるもう”として行動をともにするのです。室内飼いのネコに、この「つるみ癖」は強く表れます。1匹だけで飼われているネコに、より強く表れる傾向もあります。それだけ飼い主を兄弟ネコとみなしているということなのです。引き出しを開けてなにかを探しているときなども、「なにがあるの？　ワタシもまぜて」とやってきます。室内飼いが増えたいま、ネコは飼い主に兄弟としての仲間意識を強く感じているわけです。「言い出しっぺ」の兄弟としての自覚を持って対処し、おおいに楽しんでください。

室内飼いのネコの気持ち

ネコはお腹がすいていないとき、飼い主を兄弟だと思っている。そして兄弟のすることに参加しようとする。

11 突然かみつくのは「遊ぼうよ」のサイン

突然、ネコが手に飛びついてきてかみつく。「やめなさいっ！」と叱ると、ますます興奮してかみつく。「いったいどうなっているんだ？　だいじょうぶなのか、どうやったらやめさせられるのか？」という人が最近、増えました。室内飼いの、１頭だけで飼われているネコによく見られる現象です。

私たちは、「かみつく」イコール「やめさせるべき」と判断しがちです。だから、「どうやったらやめさせられるか」ばかりを考えてしまいますが、その前に、なぜかみつくのかを考えてみる必要があるのです。

ネコは、「ケンカごっこして遊ぼうよ」のサインとしてかみつくのです。子ネコたちは、兄弟ネコの背後から突然、飛びついてかみつきます。それが「遊ぼうよ」のサインなのです。かみつかれた子ネコが「なにすんだよっ」と反撃するのが、「OK、遊ぼう」のサインです。つまり、飼い主の手にかみつくのは「遊ぼうよ」なのです。「やめなさいっ！」と叱るのは、ネコにとって「OK」のサインですから、うれしくてますます興奮するのは当たり前です。室内飼いで１頭飼いのネコほど、飼い主を自分の兄弟とみなしていますから、この行動がよく出るのです。

飼い主が本気で怒り、何度も強くたたいたりすれば、ネコはいずれ、かみつかなくなります。でもそれは、しつけができたのではなく、ネコが飼い主を友だちだと思うことをやめてしまったということです。ネコが求めてきた絆を飼い主が断ち切るとは、なんとかわいそうなことでしょうか。

飼い主に感じている仲間意識を受けとめてください。「どうやったらなおせるか」ではなく、「どうやったら、その気持ちを受けとめてネコとの絆を育てられるか」を考えるべきなのです。

かみつくのは仲間意識の表れ

兄弟ネコといっしょに暮らしてるネコは

のサインとして

突然、兄弟ネコに飛びつく。

1頭だけで飼われているネコは

の気持ちを
飼い主にぶつける。

ここで強く叱ってしまうと
飼い主を仲間だと
思わなくなってしまう。

「ケンカごっこ」で気持ちを盛り上げる

では、どうやったらネコの「遊ぼうよ」の気持ちを受けとめることができ、そしてネコとの絆を育てることができるのでしょうか。答えは1つ、ネコの兄弟になったつもりでいっしょに遊んであげることです。それ以外にありません。

ネコがかみついてきたら、ネコの気持ちになって「なにすんだよっ」と抵抗してください。ネコは「お遊びタイム成立」に大喜び、「じゃ、本格的に開始～」と、さらにかみついてきます。いちばん、簡単な対応は、手を広げてネコの顔の前に出し、そのまま顔をつかんでしまうことです。ネコはおおいに怒ります。でも、あくまで遊びで怒っているのですから心配はいりません。ネコの遊びは「ケンカごっこ」なのですから、“怒っている風”がなくては成り立ちません。

ネコは耳を伏(ふ)せアゴを引き、“やる気”をギンギンに演出しながら身構えて、ガブッときます。なぜかネコは人の手を狙いますから、ガブッとくる0.01秒前に絶妙のタイミングで手を引いてください。「もうチョイだったのに失敗した」というシチュエーションが大事です。ネコはおおいに盛り上がります。

反対に手を引かず、ゲンコツを握ってかませるのも方法です。かませておいて押すのです。ネコは「アガガガ…」となりますが、そういう駆け引きこそが遊びです。ネコはちゃんと理解します。いろんな駆け引きをやってください。人が楽しいと思ってやればネコもその楽しさに同調し、同じように楽しくなるのです。

最後は「もう、おしまい」といって立ち上がり、まったく関係ないことを始めてください。ネコは、このサインもちゃんと理解して「お遊びタイム」を終了させます。

ネコとケンカごっこをする方法

ネコがかみついてきたら
振り払う。
これでお遊びタイム成立！

★顔をつかむ

ネコ、おおいに
盛り上がる。

★手をサッと引く

絶妙なタイミングで
なお盛り上がる。

人と遊ぶことを覚えると、こういう誘い方もする。

12 「狩りのまねごと」が楽しい理由

ネコは狩猟本能を持って生まれてきます。目が見えるようになったときから、動くものに手を出して捕まえようとするのが、その表れです。動くものに反応せずにはいられない、捕まえようとしないではいられない。その“衝動”こそが狩猟本能なのです。

この衝動のおかげでネコは、子ネコのときから動くものに反応します。最初はうまく捕まえられず、じゃれているだけですが、やっているうちにだんだんとうまくなり、そして、本当に獲物が捕らえられるまでに技術が上達するのです。狩猟本能としての衝動があるかぎり、放っておいてもネコは狩りの達人になるという寸法です。

では、その衝動を支えているものはなにかというと、満足感や楽しさ、喜びといった快感なのです。本能としての衝動は、満たされると快感があるもので、快感があるからこそ、動物は衝動を満たすための行動をするのです。簡単にいえば「楽しい」からやるのです。楽しいからこそ、子ネコは動くものに手を出し、楽しいから、おとなになると実際に狩りをするのです。飼いネコは狩りをする必要がありませんが、狩猟本能による衝動を満たすことが「楽しい」ことに違いはありません。だとしたら、家の中で狩りの衝動が満たせるようにしてあげましょう。それが、肉食動物としてこの世に生まれたネコのクォリティ・オブ・ライフというものです。

狩猟本能による衝動を満たす方法、それは遊ばせること以外にありません。狩りをするときと同じような動きができる遊びをさせることです。疑似的な狩りをさせること、それはネコにとって楽しいことで、つまり楽しい遊びなのです。狩りのまねごとをすることで、ネコは生き生きとした時間がすごせるのです。

ネコは狩猟本能を持って生まれてくる

目が見えるようになると
動くものを追い始める。
それが狩猟本能。

やっているうちに足腰が
きたえられ、だんだんと
上手にできるようになる。

いずれは本当に狩りが
できるように。野生なら
それが親から独立するとき。

動物たちは、生きていく
ために必要な技術を遊び
ながら習得する。

ひとり遊びはすぐ飽きる

ネコを上手に遊ばせるのは、意外に手間のかかることなのです。ネコ用のオモチャを与えておけばいいというものではないからです。ネコ用のオモチャとは、ネコがひとり遊びをするための道具のことで、ペットショップには、さまざまなオモチャが売られていますが、「これさえ与えておけばネコが飽きずに遊び続ける」といえるものはないといっても過言ではありません。しょせん、ひとり遊びには限界があるのです。ネコはいずれ飽きてしまい、見向きもしなくなるのです。

ネコの遊びが、狩りの技術を習得するためのものだということは42ページで述べました。「習得するため」ということは、レベルアップしていかなくてはならないということなのです。子ネコは起き上がりこぼしを一日中楽しそうに追いかけますが、2～3日もすればかならず飽きます。起き上がりこぼしを追いかけるための動き方をマスターしてしまったからなのです。もっとレベルの高い動きができる遊びでなければ、もう、おもしろくないのです。その意味で、ひとり遊び用のオモチャはすべて、もの足りなくなるときがくるというわけです。

では、どうするか。「ネコを遊ばせるための道具」を使って、人がネコを遊ばせればいいのです。それなら、人の知恵と努力によって、いくらでもレベルアップが可能ですし、よりむずかしいスキルをネコに課すこともできます。そして、よりむずかしいレベルに挑戦することが、ネコにとっての「楽しい遊び」になるのです。私たちがゲームで遊ぶときと同じです。

人が道具をあやつれば、ネコにとって予測不能な動かし方ができます。ネコが狙う対象物が予測不能な動きをすればするほど、ネコの狩猟本能はくすぐられるのです。

「ネコのオモチャ」は2とおりある

13 狩猟本能が触発される遊ばせ方

「ネコを遊ばせるための道具」には、いろいろなものがありますが、まずは古典的な「じゃらし棒」を使うのがおすすめです。人が使う以上、使い勝手というものがあるのですが、それは実際に使ってみないとわかりません。だから安価なものから試すのがいいのです。古典的な「じゃらし棒」は安価なだけでなく、軽くてあやつりやすいことは確実です。ロングセラー商品だけのことはあるのです。

さて、では「じゃらし棒」をどう振るかですが、ここにも大切な基本があります。それは、「ネコが獲物とする動物の動きに、できるだけ似せた振り方」をすることです。ネコの狩猟本能が触発されるのは、ネコが先祖代々、獲物としてきた動物の動きを察知したときなのです。獲物の動きとしてインプットされているものがあるわけで、たとえばワシのような動きやクマのような動きを見たら、ネコは逃げるに決まっています。それは獲物ではなく天敵の動きとして、インプットされているはずだからです。

ネコの獲物としてインプットされているもの、それはネズミや虫、トカゲなどの小動物、小鳥です。これらの動物の動きを「じゃらし棒」で再現すること、これが基本で最重要なのです。

ネズミならネズミ、虫なら虫と、種類ごとに分けて再現する必要がありますが、そのためには、それぞれの獲物がどんな動きをするのかを知らなくてはなりません。想像力も必要ですが、外に出て観察することも必要です。獲物の動きに似た振り方をすればするほど、ネコの興味をひきつけることができるのです。狩猟本能を最大限に引き出して、楽しい“疑似狩猟”をさせることが、上手に遊ばせることになります。ネコを遊ばせるということは、動物行動学そのものなのです。

じゃらし棒の使い方、その基本

じゃらし棒で獲物の動きを
再現する。それが基本。

じゃらし棒が獲物の形をしている
必要はない。大切なのは

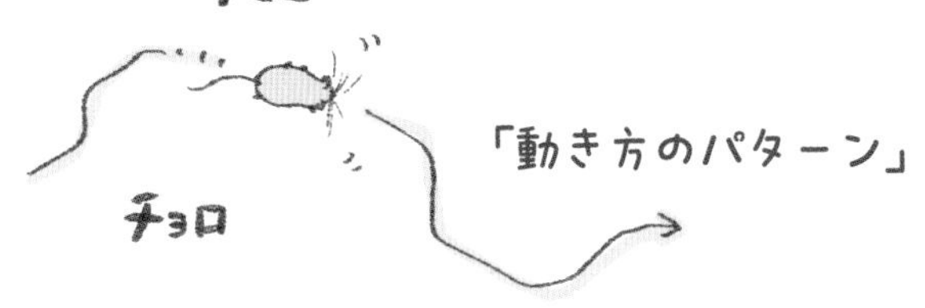

「動き方のパターン」

ネコの獲物はネズミ、虫、小鳥が代表的。

それらの動物がどんな
動きをするのか
観察することも大事。

リアルな動きほどネコは熱中する

ネズミはチョロチョロと動き、立ち止まったかと思うとまた動きます。ネコがいることに気づいたら、猛スピードで逃げていき、そして物かげにスッと入り込みます。「じゃらし棒」の“穂”の部分にネズミの気持ちを込めて、ネズミになりきったつもりで動かしましょう。最初は散策気分であちこちをチョロチョロ、ネコに見つかったら必死で逃げ、タンスのかげなどにもぐり込んでください。

ネコは、逃げる動きに強く反応します。つまり自分から遠ざかっていくものを追おうとするのです。反対に自分に近寄ってくるものには、とまどいます。近寄ってくるものは捕食者の可能性があるからです。さらに、タンスのかげなどに入り込むときに、チラチラと一部が見えかくれすると、もっとも強い反応を見せます。「いまを逃したらおしまいだ」と思うのでしょう。

これらを頭に入れた上で、「じゃらし棒」にネズミを演じさせましょう。その間、ネコを観察しながら動きに変化をつけます。興味を失いそうなら突然に動き、ネコが飛び出してきたら猛スピードで逃げ、追いつかれたらメチャクチャな動きで逃げまくってください。「捕まえられそうで捕まえられない」という状況をつくれば、ネコは大興奮して暴れまくることうけあいです。

最後は、ネコにネズミを捕まえさせて1クール終了します。そして新たに“散策するネズミ”から2クール目を開始します。そうしていると、不思議なことに、これがゲーム化してきます。“ネズミを捕まえた”あと、ネコが「はい、次を開始してね」といわんばかりにスタート地点に待機したりします。そうなったとき、ネコは飼い主といっしょに遊ぶ楽しさを知ったと思ってかまいません。

ネズミになりきる

“穂”の部分を床にはわせ、
ネコから遠ざけていく。

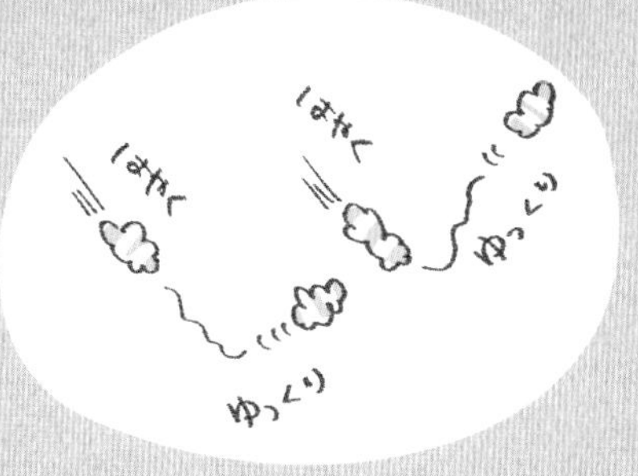

カタッ、カクッとスピードを
変えながらジグザグに動く。

ネコの瞳孔(どうこう)が突然開いたら
飛び出してくるサイン。

ネコが飛び出したら猛スピードで
逃げる。物かげにクッ、クッと
少しずつ入っていくのもいい。

チラチラと見えていたものが物かげ
に入り込んだ瞬間にネコは飛び出し
てくる可能性大。

トカゲになりきる

トカゲになってみよう。草むらをガサガサと、あっちへ行ったりこっちへ行ったりするところを再現。

毛布などの下にじゃらし棒を入れ、モコモコと歩かせる。わざと音を出すのがいい。

ネコがジャンプして毛布の上から押さえ込んできたら…。

毛布の下で必死に逃げるトカゲを再現。毛布からチラと姿を見せるのもいい。

小鳥になりきる

ケガをして飛べなくなった小鳥を再現してみよう。ネコがいちばん、興奮するシチュエーション。

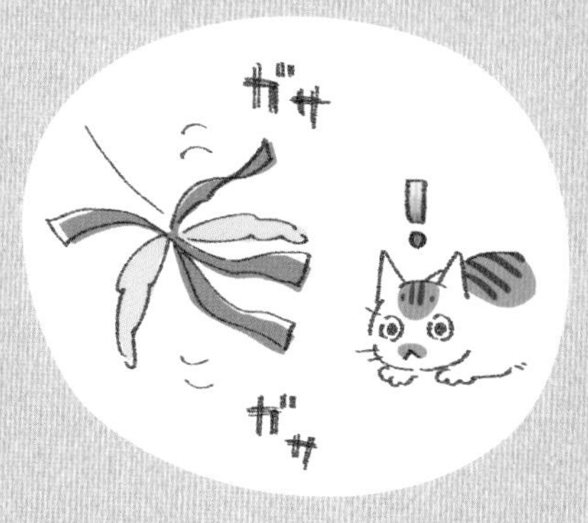

釣り竿式のじゃらし棒の先を床につけガサガサと大きな音を立てる。飛ぼうとして飛べない小鳥のつもり。

ネコが飛びつこうとしたら、最後の力をふりしぼって飛び立つ小鳥のつもりになって逃げる。

ネコは捕まえようとしてジャンプする。小鳥は床に着地。ネコはまた小鳥を狙う。小鳥はまた飛ぶ。これでネコは連続ジャンプ。

14　15分も遊べばネコは十分に満足する

「遊んであげなくては」とは思うけど、忙しくて時間が取れないという人もいることでしょう。でもネコは持続力のない動物で、激しい動きを長時間、続けることはできないのです。15分間も走り回れば息があがり、疲れて横になり、目がトロンとしてきます。つまり、1回につき15分も遊ばせれば十分なのです。

ネコがすぐに疲れるのは、肉食動物としての特性です。ウマやシカなどの草食動物たちは、敵から逃げる手段として“走って逃げる”という方法をとりますから、走り続けることに関しては持続力があるのです。一方、それらを捕らえる側である肉食動物たちは、すぐれた瞬発力を持つものの、持続力はありません。草食動物たちは、いつも周りを警戒し、イザとなればとにかく走って逃げ続けます。走り続けさえすれば、持続力のない肉食動物は疲れて追いかけるのをあきらめるという寸法なのです。肉食動物は瞬発力で勝負をし、草食動物は持続力でそれに対抗するわけです。肉食動物の中でもネコの仲間はとりわけ瞬発力があり、その代わりにとりわけ持続力がありません。それが、すぐに疲れる理由です。

瞬発力をおおいに使わせる遊びをさせれば、ネコは15分でヘコたれます。要するに、1回につき15分の遊びを1日に1～2回、コンスタントに行えば、ネコは十分に満足するということで、ちょっとした息抜きの時間をネコとの遊びにあてれば、決してむずかしいことではないはずです。

毎日の遊びが日課になれば、ネコが「そろそろ遊ぶ時間じゃない？」という顔をして誘いにくるようになります。じゃらし棒をくわえて持ってくるネコや、いつものスタート地点で用意して待つネコもいて、これも、なかなか楽しいことです。

ネコは持続力のない動物

忙しくても、ちょっとした息抜きの時間を
ネコとの遊びにあててあげよう。
1回につき15分も遊べば十分満足する。

すぐに疲れるのは肉食動物の特性。中でもネコの仲間は
とりわけ瞬発力があり、持続力はない。

毎日の遊びが日課になれば、
ネコから誘いにくるようになる。

15 ネコは「わが道を行く」生き物

夕方、帰宅するとネコが玄関まで飛び出してきて、「ニャアニャア」と鳴きながら、脚にスリスリとまとわりつき、人のあとを必死の形相で追いかけてきては顔をジッと見上げて…。こういうときに人は「留守番が寂しかったんだ」と思うものです。つい抱き上げて「ごめんね、ごめんね、寂しい思いをさせちゃって」とほおずりをしてしまいます。

ところがネコは「抱っこは嫌だ」と抵抗し、かといって下におろすと、またまとわりつき、「いったいなんなの」と思いながらも、とりあえずネコ缶を開けるとネコはバクバクと食べ、食べ終わるとサッサとどこかに行って寝てしまう…。「おいっ！」と思った経験がきっとあることでしょう。

ネコは「寂しかった」というよりも、お腹がすいていたのです。だから「なにかくれ」を連発していただけなのです。お腹がいっぱいになったとたん、「はい、ごくろうさん。ワタシャ、もう寝ます」というわけです。人間の社会通念としては、お礼の1つもいってほしいところですから、「なんてワガママなんだ」ということにしかなりませんが、それがネコというものです。感謝の気持ちを表すことで以後の関係がうまくいくのは、群れ生活者の社会通念。単独生活者の常識は、「自分第一、他者との関係はテイク・アンド・テイク」です。

自分になにか得があるときは人にすり寄り、なんの得もないときは無視。それがネコの信条で、人間社会ではワガママ以外のなにものでもありません。でも、この「アンタはアンタ、ワタシはワタシ」という発想、常に「わが道を行く」姿勢が、ネコの大きな魅力でもあることは事実です。

ネコと人間の感覚のズレ

16 叱ったら危険人物と思われるだけ

ネコのしつけとイヌのしつけには根本的な違いがあります。イヌは飼い主を群れのリーダーだと思い、飼い主が喜ぶことが自分の喜びだと感じています。ほめてもらうのが大好きで、ほめてもらえることを何度でもやりたいと思います。だから、上手にほめたり叱ったりすることで、イヌはしつけることができます。

ところがネコは単独生活者であり、リーダーという感覚も、リーダーにほめられたいという思いもありません。だから、ほめたり叱ったりしても、ほとんど意味がないのです。ほめれば、たんに「かわいがってくれている」と思うだけ。叱れば、「この人は危険だ」と思うだけです。そんなネコに「してはいけないこと」を教えるには、別の方法をとるしかありません。それは工夫です。してはいけないことができないような工夫を、飼い主が考えるしかないのです。

では、どんな工夫をするかですが、それは各家庭の状況やネコの性格によって違います。飼い主は知恵を駆使し、忍耐強く試行錯誤を続けて、解決策を編み出すしかありません。「こうすればいいだろう」と思っても、ネコには通用しないことが多いのですが、そこであきらめずに別の工夫を考えます。それでもダメなら、また別の工夫を考えます。ネコのしつけは、ネコとの知恵比べだといっても過言ではありません。そして、その知恵比べを楽しむ気持ちが大切なのです。そうでないと挫折しますし、イライラもします。すると試行錯誤が続きません。

ネコのしつけは「頭の体操」だと思うことです。ゲーム感覚で工夫を次々と考えれば、楽しく「ネコのしつけ」ができるはずです。工夫、試行錯誤、執念、そしてそれを楽しむ心。これがネコのしつけ方の神髄です。

イヌのしつけとネコのしつけ、その違い

イヌは飼い主にほめられたい。だから、ほめることが効果を発揮する。

ネコは飼い主にほめられたいとは思っていない。ただ自分勝手にやりたいだけ。

ほめると単純にうれしいだけ。

叱ると単純に怖がるだけ。

してはいけないことをさせないためには、
飼い主が工夫するしかない。

なにかを習慣化させることがネコのしつけ

では、どんなときに工夫をするのかですが、その前に「ネコにしてほしくないこと」とはどんなことなのかを考える必要があります。というのも、イヌと違ってネコには「禁止すべきこと」が意外にないのです。無駄吠えも、飛びつきも、ネコとは無縁です。せいぜい、家具や壁で爪とぎをしないこと、食卓など乗ってほしくないところに乗らないこと、入ってほしくない部屋に入らないこと、そのくらいです。

まず、爪とぎ器を使ってくれるけれども、壁や家具でも爪とぎをするという場合の工夫ですが、むずかしく考えることはありません。爪とぎをする壁の前になにか物を置いてしまえばいいのです。籐（とう）の家具で爪とぎをするというのなら、その家具を押し入れにしまうか処分してしまえばいいでしょう。要するに物理的に阻止すること、これが工夫の基本です。

乗ってほしくないところに乗せない工夫、入ってほしくない場所に入らせない工夫も基本的には同じです。障害物を置いたり動線をふさいだりして、とにかく近づけないようにするのです。その過程で必要なのが、根気と試行錯誤、そして執念ともいうべき、あきらめない心なのです。

工夫がうまくいって、乗れない状況や入れない状況が続くと、ネコには「ここは乗らないもの」「ここは入らないもの」という習慣が不思議とできてしまいます。そしてネコは意外に頭の固い動物で、1度習慣ができてしまうと頑固（がんこ）なほどにその習慣を守り続けます。そうなったら、しつけは大成功といえるでしょう。してほしくないことをしない習慣をつくること、それがネコの「しつけ」なのです。

どんなに工夫してもうまくいかないときは「この家具は猫の爪とぎ器をかねる」などと頭を切り換えましょう。なんとかしようとがんばるとイライラするだけ。そのイライラは猫に伝わりお互いに不幸です。

爪とぎをしてほしくない場所を守る方法

爪とぎ防止シートを貼る。

ツルツルしているので
爪とぎができなくなる。

物理的に近寄れないようにする。

カーペットにはカバーを

新聞の代わりに、段ボール製の爪とぎ器

撤去する。

代わりに爪とぎ器を置く。

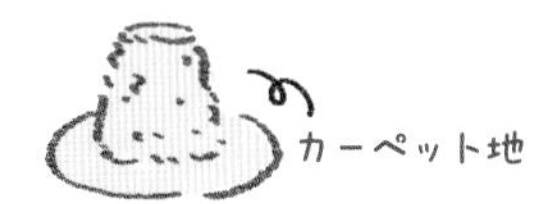

あきらめる。

爪とぎ器をかねた家具だと
頭を切り換える。

17 習慣化の原点は「安全パイ主義」

前節で、ネコは「1度習慣ができてしまうと、頑固なほどにその習慣を守り続ける」と述べましたが、それはネコが「安全パイ主義」だからです。つまり、「1度やったことが安全でなにも問題が起きなかったら、次も同じ方法をとる」という意味です。野生的な本能として、それが安全な方法だと判断するからです。そして、その安全が脅（おびや）かされないかぎり、同じ方法をとり続けます。だから行動が習慣化しているように見えるのです。

たとえば人間は、家から駅に行くときなどに「いつも同じ道を通るのはつまらない。今日は違う道を行ってみよう」と思いますが、ネコはそうは思いません。昨日通って安全だった道を、今日も行こうとします。ネコは冒険をしたいとは思っていません。冒険には危険がともなう可能性があるからです。

もし、いつも通っている道で、たまたま危険に遭遇したとすると、ネコは危険回避のためにほかの道を利用します。そのときはドキドキしながら通ったとしてもなにも危険がなかったとすれば、翌日からはその新しいルートを使い始めます。昨日の道ではまた危険にあうかもしれませんが、新しいルートなら安全と考えるのです。ネコの「安全パイ主義」とは、そういうものです。

野生動物はみなネコと同じく「安全パイ主義」ですが、ネコは特にそれが強いといえます。この「安全パイ主義」を念頭に、しつけのための工夫を考えればいいのです。ネコに新しい習慣をつけさせるには、古い習慣になにか不都合をつくり、不安のない代わりの方法がとれるようにします。代わりの方法を2～3回、問題なく経験すれば、それが新しい習慣として定着します。ネコのしつけの神髄は、ここにあります。

「安全パイ主義」を利用して新しい習慣をつけさせる法

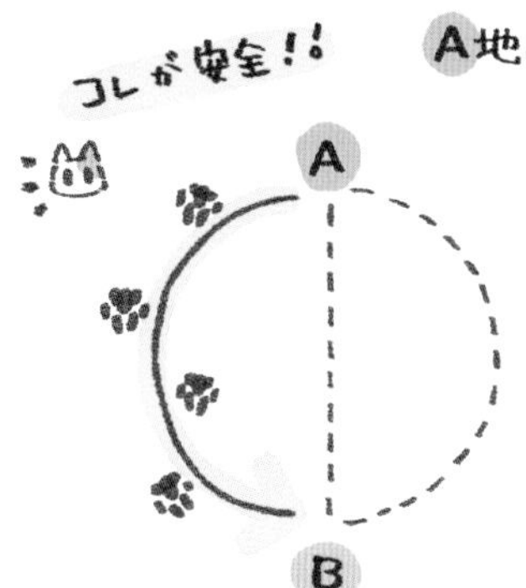

A地点からB地点に行くとき、
ネコはかならず同じルートを通る。
それがネコの安全パイ主義。

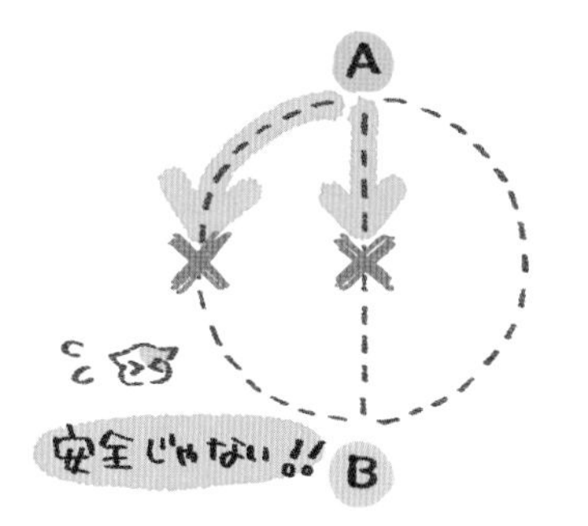

いつものルートに不都合を
つくる。直線ルートにも
不都合をつくる。

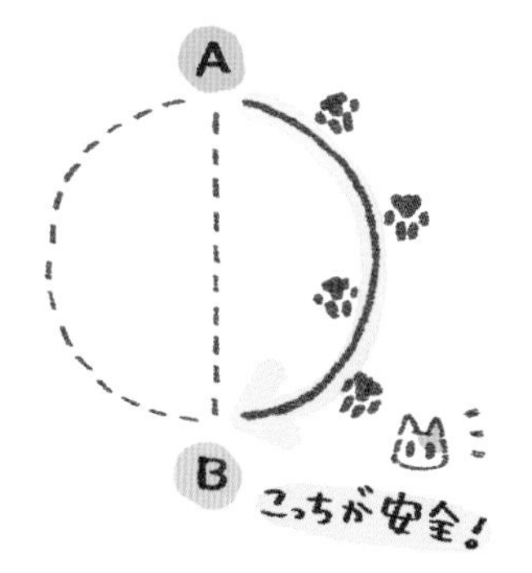

最初はしかたなくルートを
変えるが、繰り返している
うちに習慣化する。以後、
不都合がなくなっても、
もとのルートには戻らない。

Column

飼い主が幸せでないとネコは幸せになれない

ネコにかぎらず、動物は第六感がすぐれています。アフリカの草原では、満腹したライオンの近くを草食動物が平気で歩いているものですが、それはライオンに襲う気がないことがわかっているからです。動物の第六感は、人間の言葉より正確な情報キャッチの手段なのです。

もし飼い主がいつもイライラしていたら、ネコはそれを敏感に感じ取って落ち着かなくなります。動物の第六感は、「精神不安定。ふいに攻撃してくる可能性あり」と判断するからです。

飼い主になにか悩みがあるときも、ネコはやはり落ち着かなくなります。安心とリラックスの空気が流れていないことを、敏感に察知するからです。さらに、甘えたい相手の気持ちが沈んでいれば、ネコにもその精神状態が伝染します。人間の子どもと同じく純真な心は、相手の気持ちに同調しやすいのです。

だから、飼い主はいつも幸せな気持ちでいるべきなのです。イライラすることがあったとしても、ネコの前では気持ちを切り換えて、とりあえず、すべて忘れてスイッチを「ネコモード」にすることです。むずかしいことのように思えますが、何度かやっていると意外に簡単にできるようになります。このあたりは人間だからこその特技だといえます。そして、結果として自分が救われるのです。飼い主がいつもおおらかな気持ちでいれば、ネコもおおらかな気持ちでいられます。そんな気持ちでいるネコほど自由闊達(かったつ)なふるまいをし、そしてそのふるまいが飼い主を笑わせたり、楽しい気分にさせたりします。それは幸せなことです。

飼い主が幸せであればネコも幸せになり、ネコが幸せでいることが、さらに飼い主を幸せにするのです。

第2章

ネコの体と気持ち

18　ボディランゲージの基本は不安

動物の言葉はおもにボディランゲージ、つまりしぐさで表す言葉だといわれています。私たちの言葉と違うのは、伝えようと思っているわけではないのに自然に気持ちが表れてしまうという点です。

多くの動物に共通するボディランゲージは、恐怖を感じているときに自分の体を実際よりも小さく見せようとすることと、威嚇（いかく）をするときに体を実際より大きく見せようとすることです。たとえばネコが恐怖を感じたときは、うずくまって体を低くし耳も伏せます。実際より小さく見せて「とても小さくて弱いネコです。アナタのほうが強いのは明白。だから攻撃しないで」というメッセージを発しているのです。

ネコの鳴き声も同じです。人間はなにかを要求していると解釈しがちですが、基本的には不満の気持ちの表れです。たとえば、「ゴハンをくれ」ではなく「お腹がすいた」、「戸を開けてくれ」ではなく「ここにいるのは嫌だ」、「抱っこしてくれ」ではなく「なんだか寂しい」です。要するに、満ち足りない気持ちが鳴き声として表れているのです。

ネコの「ニャア、ニャア」という鳴き声は、もともとは子ネコが母ネコに保護や世話を求めるためのもので、「困っているの、ここにいるから来て」と知らせるためのものです。飼いネコはいつまでも子ネコの気分でいるせいで、おとなになっても不満が鳴き声になります。甘ったれのネコほどよく鳴くといわれるのは、子ネコ気分の強いネコほど不満が鳴き声になるということなのです。

体勢の変化に表れるのはおもに不安、そして鳴き声に表れるのは不満です。安心し、かつ満足しているときのネコは、これといった“言葉”は発せず、ただ気持ちよさそうに目をつぶっているだけです。

体勢変化の基本は不安

体を小さく見せるのは不安が大きいとき。

不安だけど強気で対処しようとするネコは体を大きく見せようとする。決して怒りの表れではない。

鳴き声の基本は不満

不満によって鳴き声が微妙に違うからニクイ。
飼い主はちゃんとそれを理解するようになるからスゴイ。

19　微妙な感情はシッポの動きに表れる

ネコが毛を逆立て背中を丸くし、耳を伏せて「フーッ」というとき、一般に「ネコが怒っている」といいますが、ネコは、人間でいう「怒り」を感じているわけではありません。前節で述べたように、実際よりも自分を大きく見せて、「それ以上、近寄ったら攻撃するぞ」と威嚇しているだけです。強がっているものの、内心は「怖い」と感じています。「怖い」も不安の感情のうちといえます。

ではネコは、不安と不満と安心と満足しか感じないのかというと、決してそんなことはありません。ただ、私たちのような言葉がない以上、よくわからない部分が多いといえます。とはいうものの、ネコが感じているであろう微妙な感情を推測できる方法があるのです。それはシッポの動きを見ることです。ネコのシッポは、熟睡しているとき以外、常に動いているといってよく、そして、その動かし方には実に微妙なバリエーションがあるのです。その微妙さが、そのまま微妙な感情だといえます。ただし、どんな感情のときに、どんな動かし方をするのかを、具体的にいうのはむずかしくて、できません。いえるのは、強くなにかを感じているときには強く、なんとなくなにかを感じているときには弱く振るということだけです。さらにシッポを根もとから大きく振ったり、シッポの先だけを振ったりという変化が加わると、数えきれないほどのバリエーションになります。

シッポが表す微妙な感情は、毎日ネコと接し、愛情を持ってネコを見ている飼い主にしかわかりません。ともにすごし、ネコの気持ちに同調することができたとき、シッポが表すネコの言葉がわかるようになるのです。

ネコのシッポに表れる気持ち、その基本

ビックリしたときは
一瞬ふくらむ。

振っていたシッポが一瞬、止まるのは
思考も一瞬、止まったとき。

強く振るときは強い感情。
うれしいのか不満が強いのか
は飼い主が判断するしかない。

ゆったりと振るときは
ゆったりした感情。

根もとから大きく振ったり、
先だけをピクピクと振ったりと、
バリエーションは豊か。
毎日見ていると、気持ちが
読めるようになる。

20　ちょっとしたしぐさに表れる気持ち

ボディランゲージというほどではありませんが、ネコの気持ちが読めるしぐさがあります。驚いたあとなどに背中をちょっとだけなめるしぐさです。タンスの上で昼寝をしていて、寝返りをうったら落下した、というようなときにもやります。動揺した気持ちを落ち着かせるために無意識のうちにするのです。

ネコは子ネコ時代、母ネコに体をなめてもらうスキンシップで落ち着いた気分になっていました。おとなになっても、自分でやるグルーミングでリラックスし、なめ終わると同時に睡魔に襲われるほどで、それほどに気分を落ち着かせてくれるのです。

突然、知らない人が家に入ってきて驚いたとか、昼寝の最中にタンスから落ちたというとき、ネコは無意識のうちに自分を落ち着かせようとして自分にスキンシップを与えるのです。それが、背中をちょっとだけなめるという方法です。パターン化した行動で、2～3回ペロペロとなめて終わりになりますが、そんなときは、ゆったりとした気分でネコを抱き、完璧にリラックスさせてやりたいものです。

また、昼寝から覚めたネコを抱いたとき、ネコがキスをするかのように口を寄せてくることがあります。外出から帰ったときも同じことをします。情報を得るために口のニオイをかいでいるのです。「なんかウマイもん、食ってきた？」といったところで、人を仲間だと思っているゆえの行動です。キスをするのではなく、口のニオイを十分にかがせてやれば、ネコは満足するはずです。

ちょっとしたしぐさの意味を知っていれば、より豊かなネコとのつきあいが可能になるのです。

ネコの気持ちが読めるしぐさ、いろいろ

驚いたあとに背中をちょっとなめるのは、
動揺した気持ちを落ち着かせるために
無意識でしている。自分で自分にスキン
シップを与えてリラックスする。

ちょっとしたあいさつ。「なんか
おいしいもの、食べてきた？」と
情報交換。鼻と鼻をくっつけて
いるように見えるが、実は互いに
相手の口のニオイをかいでいる。
飼い主に対してもやる。

親しくない相手の目をジッと
見つめるのは敵意の表れ。
ケンカをふっかけているのと
同じこと。飼い主が叱って
にらみつけるとネコは目を
そらす。「ワタシに敵意は
ありません」の意味。

21 上唇のヒゲは積極的なセンサー

ネコの上唇のヒゲはほかのヒゲより一段と長く、また太くなっています。そしてこのヒゲは、ネコが興味津々でなにかを見ているときや、動くものにじゃれついているとき、前に突き出されています。ほかのヒゲは動かすことができませんが、このヒゲだけは自由に立てたり寝かせたりできるのです。

自由に動くということは「積極的になにかをしている」ということです。動かせないヒゲは「受動的なセンサー」ですが、上唇のヒゲは、積極的なセンサーとして、獲物を捕まえるときに活躍するのだと考えられます。

ネコは獲物に忍び寄り、すきを見て一気に飛びかかり、かみついて息の根を止めるという狩りをしますが、そのかみついて息の根を止めるとき、口もとで大暴れする獲物の動きをキャッチしているのでしょう。へたをすれば暴れる獲物にかみつかれる危険もあるのですから、このセンサーは重要です。ましてネコの目は近くのものにはあまりピントが合わないのですから、なおさらです。上唇のヒゲの長さが、かみつくチャンスを狙うときの獲物との距離なのでしょう。

ところで、毛には寿命があって一定期間がすぎると抜け落ちます。抜け落ちるまで、毛は日々少しずつのび続けます。つまり、体の毛よりヒゲのほうが寿命は長く、だからヒゲは体の毛よりも長くなるのです。毛の長い品種は、毛の寿命が長くなるように改良されています。だから体の毛がなかなか抜け落ちず、その間、のび続けて長くなるのです。ヒゲの寿命も比例して長くなりますから、もっと長くなります。本来の役目をするには不必要に長くなったヒゲだといえるでしょう。

ネコの意志で動かせるヒゲもある

居眠り中の上唇の
ヒゲは寝ている。

なにかに興味を
示すと前を向く。

獲物を捕まえるときも
前を向いたまま。

上唇のヒゲは
積極的なセンサー。
ほかは受動的なセンサー。

22 のどゴロゴロは安心と満足のサイン

ネコをなでたり抱いたりすると、幸せそうに目をつぶり、のどをゴロゴロとならします。ネコが「うれしい」と感じているときの音として、ネコ好きはみな、知っていることです。

ところが、ゴロゴロ音が出るしくみについては、まだはっきりとはわかっていないのです。現在のところ、「喉頭(いんとう)を振動させ、そこを通る空気をふるわせて出す」という説が有力だというだけです。確かに、ネコが息を吸っているときと吐いているときとでは、ゴロゴロの音が少し違います。またネコが息を止めると、ゴロゴロ音も止まります。いずれにしろ、死んだネコはゴロゴロといいませんから、解剖学でも解明できないままなのです。

わかっているのは、子ネコがオッパイを飲むときや母ネコに甘えるとき、または母ネコが子ネコのいる巣に近づくときや子ネコにオッパイを飲ませているときにゴロゴロと音を出しているという事実です。子ネコは「満足している、安心している」という気持ちを、母ネコは「安心してだいじょうぶよ」という気持ちを伝えているのだと考えられます。子ネコのゴロゴロ音が、母ネコのオッパイの“出”を促進させるのだとも考えられています。

飼いネコは、飼い主を母ネコのように思っていますから、抱かれるとつい、オッパイを飲んでいたときと同じ気持ちになり、ゴロゴロというのです。子ネコ気分の強い甘ったれのネコほど、しょっちゅうゴロゴロといいます。飼い主が声をかけただけで、寝たままゴロゴロというネコもいます。そのとき、オッパイを飲んでいるときの子ネコのように、両手を交互に“モミモミ”と動かすネコもいます。まさにオッパイを飲んでいたときの気分に浸っているのです。

ゴロゴロのしくみはよくわかっていない

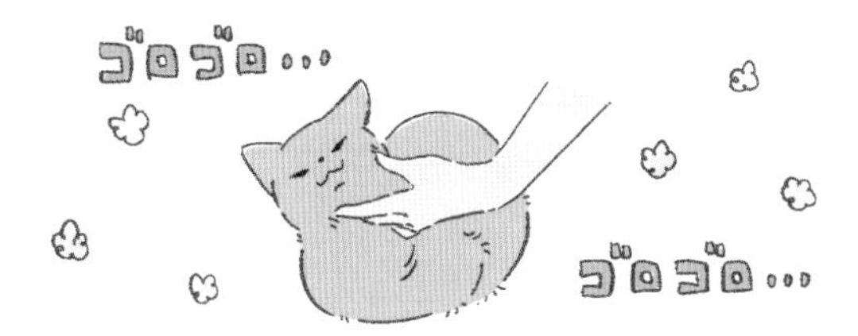

でも、ゴロゴロの意味は理解できる。
それはコミュニケーション。

飼いネコは
オッパイを飲んで
いるときと同じ気分。

うれしいとき以外のゴロゴロもある

一方、ネコは、重い病気やケガで死にそうなときにゴロゴロとのどをならすこともあります。それがなにを意味するのかについては長い間ナゾのままでしたが、今世紀に入って、興味深い研究結果がいくつか発表されました。特に注目すべきは、「ゴロゴロ音で自然治癒能力を高めている」のではないかというものです。

ネコのゴロゴロ音の振動数は20〜50ヘルツで、これは動物の骨の密度を高める振動数と同じだといいます。ネコはふだんからゴロゴロ音を出すことで骨密度を高め、ケガにそなえているのではないかという説です。元来、単独生活をする動物であるネコは、骨折をして動けなくなれば狩りができませんから飢え死にするしかありません。少しでも早くケガを治すため、ふだんからゴロゴロ音で骨をきたえ、かつ重い病気やケガで死にそうなときは盛大にゴロゴロとのどをならして治そうとしているのではないだろうかと、研究チームは考えたのです。人間の最新医療で、振動を与えて骨折の早期治癒をはかるという「超音波骨折治療」が行われていますが、それと原理は同じです。

ライオンやチータなどほかのネコ科動物も、ネコと同じようにゴロゴロとのどをならします。群れ生活をする動物ならケガをしても仲間が助けてくれますが、単独生活をする動物にはそれがありません。単独生活の肉食動物として、ネコ科の動物は「ゴロゴロ治癒法」をそなえているのかもしれません。ちなみにライオンはネコ科の動物の中で唯一、群れ生活をしていますが、もともとは単独生活だったものが進化の過程で群れ生活の形になったと考えられています。群れから離れ、1頭だけで放浪するオスライオンもたくさんいますから、“ゴロゴロ能力”は失われないままなのでしょう。

ゴロゴロ音のもう1つの理由

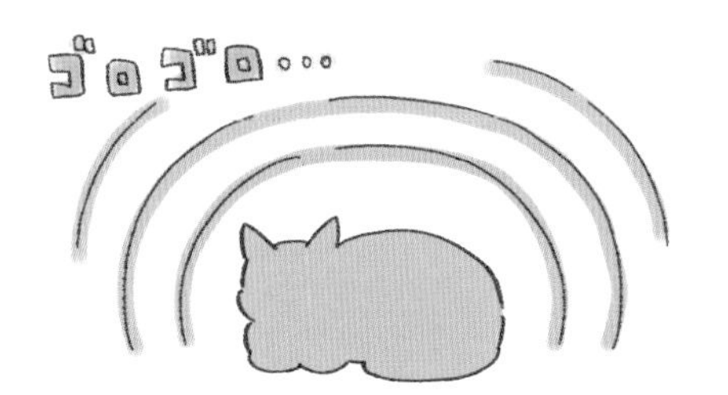

ゴロゴロの振動数は
20 ～ 50ヘルツ。
これは骨密度を
高める振動数。

ふだんからゴロゴロで骨密度を高めておく。

死にそうなときには盛大に
ゴロゴロ音を出してケガを
治そうとする。オッパイを
飲んでいたときの安らぎも
得ているのかも。

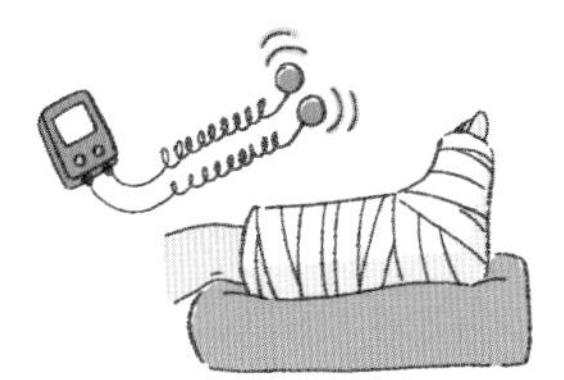

人間の世界にも
「超音波骨折治療」がある。
原理は同じ。

23 ネコは赤い色が識別できない

一般に、夜行性の動物は、あまり色が見えていないといわれます。網膜には、光を感じる細胞と色を感じる細胞とがあるのですが、夜行性動物の網膜には光を感じる細胞が多く、その分、色を感じる細胞が少ないのです。だから、わずかな光の中で、ものを見ることができる半面、色はよく見えないという道理です。

ネコは、青と緑は識別できるけれども赤は識別できないとされています。青、緑、赤は光の三原色です。色を感じる細胞は、青を感じる細胞、緑を感じる細胞というぐあいに分業して存在していますから、ネコの網膜には赤を感じる細胞がないと考えればよいわけです。

では私たちにとって赤いものは、ネコにはどんな色に見えるのでしょうか。おそらく黄色か淡い緑色に見えているのだと思います。だから、赤いものが緑色っぽいカーペットの上に置いてあったら、ネコはなかなか見つけられないということになります。

いずれにしろネコにとって、赤い色が見えないということは、たいして重要ではありません。肉や魚は色ではなくニオイで見つけているからです。さらにいうと、ピントをピッタリ合わせてものを見る必要もあまりありません。実際、ピントが合うのは視野のほんの中心部だけだといわれます。ネコの目の前にシラスを1本、置くと、いつまでも「どこ？どこ？」と探すのは、そのせいでしょう。

ネコにとって、色やピントより重要なのは、動くものを敏感にキャッチできる動体視力です。実際、動きに対する反応は、人間よりずっとすぐれています。生きた獲物を糧とする夜行性動物に必要なのは、薄暗いところでも、動くものを敏感に察知できる能力のある目なのです。

青と緑は見えるが、赤は見えない

でも、困らない。色が見えなくても狩りはできる。

ピントもよく合わないけれど、
困らない。なまじはっきり見えると
食べられないかも？

たべないで…

それより、暗い中でもよく見える目と
動くものをキャッチする目が大事。

真っ暗闇ではネコもなにも見えない

暗くてもよく見えるネコの目は、少ない光を効率よく利用できるしくみをそなえています。

まず、目が大きいことです。目が大きいということは瞳孔(どうこう)（ひとみのこと）を大きく広げられるということです。瞳孔は、網膜に当てる光を取り込む"入り口"ですから、瞳孔をより大きく広げられれば、光がたくさん入るという道理です。薄暗いところでネコの目を見ると、瞳孔がそれこそ"目いっぱい"に広がっています。それが最大瞳孔サイズです。夜行性動物の目が大きいのは、なるべく大量の光を目に入れるためなのです。

次に、暗いところで目が光ることです。ネコの網膜の後ろ側にはタペタムという反射板があり、瞳孔から入って網膜を通り抜けた光をはね返します。網膜には視神経があり、光が当たると反応するのですが、はね返った光が再度、網膜を通ることになり、また視神経を刺激します。視神経が何度も刺激されることになりますから「よく見える」わけです。そして、はね返った光は、そのまま目から外に出ていきます。その光がわれわれに見えて、目が光って見えるのです。目が光る動物はたくさんいますが、いずれも「目から光を出して周りを見ている」わけではありません。少ない光を効率よく利用した結果の現象でしかありません。この現象は明るいところでも起きているのですが、周りが明るいせいで光っては見えないだけです。

ネコは、さまざまなしくみを利用することで、人がものを見るために必要とする光の７分の１の量があれば、十分にものを判別できるとされています。あくまで少ない光を効率よく利用しているだけですから、まったく光のない真っ暗闇ではネコもなにも見えません。

ネコの目と人の目の違い

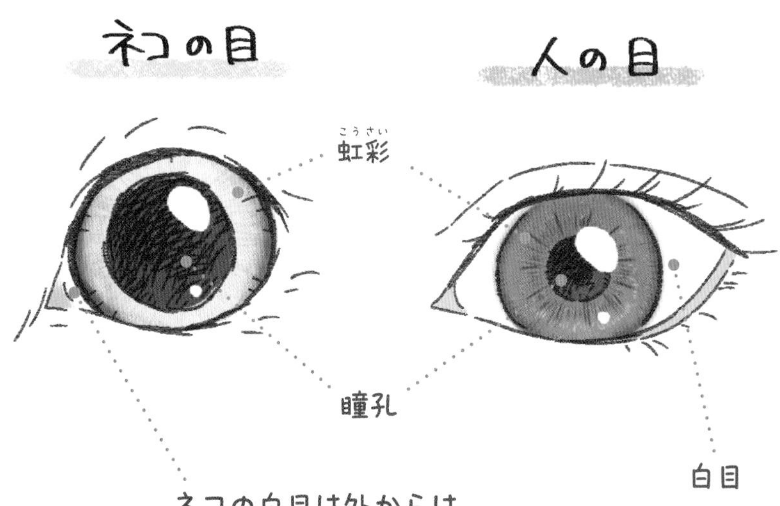

ピーカンのときのネコの瞳孔

24 ネコと人の味覚は違う

食べ物の味は、おもに舌にある味蕾(みらい)という味の受容器で感じています。人の味蕾の数は約9000、ネコでは約800ですから、ネコの味覚は私たちよりも劣るといえます。つまり、同じ食べ物でもネコと人とでは味の感じ方が違うのです。そもそも、動物にはそれぞれ、わかる味とわからない味とがあります。

動物は、それぞれ必要とする栄養素が違います。どんな栄養素からエネルギー源を得ているのかも違います。共通するのは、エネルギー源を得る栄養素を、より「甘い」と感じていることです。動物が生きていくために必要なのは、まずなによりもエネルギー源なので、エネルギー源になる栄養素を「甘い」と感じるようインプットされているのです。「甘い」という味覚は快感につながります。つまり、それを食べさせるための“ごほうび”なのです。

私たち人間にとってのエネルギー源は糖分です。だから私たちは糖分を「甘い」と感じます。疲れたときほど甘いものをおいしく感じるのは、体がエネルギー源を摂取させようとしているからです。そして、肉食動物であるネコにとってのエネルギー源はタンパク質です。だからネコは、タンパク質に含まれるアミノ酸の甘さを強く感じます。カニ肉の甘さ、あれが甘いアミノ酸です。ネコは、糖分の甘さは感じないばかりか、うまく消化することもできません。生クリームなどをネコは好んで食べますが、砂糖に反応しているのではなく、脂肪に反応しているのでしょう。

いずれにしろ、人がおいしいと感じるものをネコも同じように「おいしい」と感じるわけではありません。ネコにはネコの栄養学、人には人の栄養学があるのです。

動物にはそれぞれ、わかる味とわからない味がある

人間は糖分を甘いと感じるが、ネコにはわからない。
そんなネコはアミノ酸の甘味を強く感じる。

動物はそれぞれ必要とする
栄養素が違う。
だからそれぞれ味覚も違う。

食べ物はニオイで判断する

とはいえネコは、味で食べ物を判断しているわけではありません。食べられるものかどうかを決めるのはニオイです。ネコの嗅覚は人間の５～10倍も鋭くて、食べ物のほか、自分のなわばり、知っている人かどうかなどもニオイで判断しています。ネコは鼻で周りの世界を“見ている”といっても、決して過言ではないのです。生まれたばかりの子ネコが母親の乳首に確実に吸いつくのも、嗅覚です。まだ目も見えず耳も聞こえませんが、嗅覚だけは発達していてニオイで乳首を探し当てます。

ところで、ニオイで食べられるものかどうかを判断するネコには、困ったことが１つあります。ニオイのしないものは判断ができず、だから食べないという点です。たとえそれがネコにとってどんなに「おいしい」ものであっても、ニオイがしなければ食べません。冷蔵庫から出したばかりのものは冷えていてニオイがしないので食べません。もしネコが風邪をひいて鼻がつまってしまったら、ネコにはなにもニオイがしないわけですから、なにも食べなくなって衰弱します。「ネコの風邪は危険だ」といわれるのは、これが理由です。

でも、ニオイで食べ物を判断することは、特に変わったことでもありません。人間は視覚で食べるか食べないかを決めますが、“見た目”の変なものは絶対に食べないという人がたくさんいるのと同じことです。人間は視覚に頼る動物、ネコは嗅覚に頼る動物なのです。ネコの場合は、本能に忠実だというだけです。“見た目”の変なものを食べてみたがる「ゲテモノ食い」は、悪くいえば動物としての正しい本能を失ってのものだといえるのかもしれません。でもチャレンジ精神の旺盛な「ゲテモノ食い」が、人類の食文化を広げてきたのですから、本能を失うことは進化でもあるのです。

ネコはニオイで食べられるものかどうかを判断する

だから、
ニオイのしないものは
食べない。

冷たいものも、
ニオイがしない。

風邪をひいて鼻がつまると、なにも食べられなくなる。

25 ネコは口からもニオイをかぐ

床に脱ぎ捨ててある靴下などのニオイをかいだあと、ネコが口を半開きにしていることがあります。少し口を開け、上唇を上げて上あごの歯をむき出しにし、目はやや細めます。ニオイのひどさに引きつっているのかと思ってしまう顔つきですが、決してそうではありません。フレーメン反応という生理現象で、人や動物の体臭のついたもののニオイをかいだあとによく見られます。

ネコは、鼻からだけでなく口からもニオイをかぎ取っているのです。それがフレーメン反応です。ネコの口蓋（こうがい）（口の中のアーチ型をなす上壁部）の、前歯の付け根あたりに小さな穴が２つあり、ヤコブソン器官へとつながっています。そこから取り入れられたニオイの分子は、鼻からのニオイとは別のルートを通って脳に伝えられます。ヤコブソン器官にニオイ分子を取り入れるために、口を半開きにして上唇を上げているのです。

フレーメン反応は、ネコのほか、ウマやウシ、ヒツジ、ハムスターなどにも見られます。ウマのフレーメン反応は動作が大きいのでよく目立ちます。唇がめくれあがり、まるで笑っているように見えるのがそうです。本来は性行動の１つであり、異性の尿などに含まれるフェロモンを感知するためのものだと考えられていますが、飼育されている動物では、ほかのニオイにも反応します。ネコのフレーメン反応も、いろんなニオイに対して起こりますが、食べ物のニオイで起こることはありません。ある種のニオイに対する反応であることは確かですが、詳しいことはわかっていません。人間にも胎児のときにだけヤコブソン器官がありますが、なぜあるのかは不明です。

ネコのフレーメン反応

口内の上あごの穴がヤコブソン器官につながっている。

26「ゴハンに砂かけ」は不満のサイン？

ネコ缶を開けて食器に移し、「さぁ、お食べ」と出すと、ネコがちょっとニオイをかいだだけで食べず、床をカリカリとかいて、まるで砂をかけるようなしぐさをすることがあります。多くの飼い主はこれを「こんなもの、食えるか」のアピールだと思います。だから、「じゃあ、これなら食べる？」と高い缶詰を開け、それでも食べないと、さらにもっと高い缶詰を開けるのです。

とっておきの高い缶詰を開けるとネコが食べるから、またヤッカイです。「これなら食えるわ」ということだと飼い主は思います。そして、食べてくれたことを喜んでしまいます。飼い主とは、ペットがエサを食べてくれることに最大の喜びと安心を感じるものなのです。

でも本当は、ネコはたんに食欲がなかっただけです。ネコは“むら食い”をする動物で、健康であっても食欲旺盛な日や食欲のない日があるのです。そして食欲のないときにエサを見ると、「とりあえず隠しておこう」と思うのです。野生時代、周りの草や砂などをかけて隠していた習性から、カリカリと埋めるようなしぐさをします。たとえ、かけるものがなにもなくても、しぐさだけするのです。もし近くに雑巾などがあったら、見事に食器の上にかぶせます。

高い缶詰を開けると食べるのは、「食欲がなくても目先が変われば食べる」だけで、お腹がいっぱいでもケーキなら食べるという人間の“別腹”と同じです。

「ゴハンに砂かけ」は、ネコが元気なら気にすることはありません。ネコはむら食いをするものだと思って、強烈なゴハン催促がくるまで待ちましょう。そうすれば、気持ちいいほど一気にペロッと食べてくれます。

ゴハンに砂をかけるようなしぐさの理由

ネコは「ゴハンに砂かけ」をすることがある。

ネコはたんに食欲がないだけ。砂かけは野生の名残。

高い缶詰を開けると食べるのは、「お腹がいっぱいでもケーキなら食べる」のと同じ心理。無理に食べさせることはない。

27 食べ物を丸飲みにしてだいじょうぶ？

肉食動物は、咀嚼（そしゃく）をせずに“丸飲み”をします。だから、よくかんでいないように見えます。奥歯で咀嚼をして飲み込むのは、私たちを始めとする雑食動物の食べ方なのです。そして草食動物は下あごを左右に動かして“すりつぶして”飲み込むという食べ方をしています。

ネコがアクビをしたときに、奥歯の形を観察してみてください。私たちの奥歯は「臼歯（きゅうし）」といわれるとおり臼（うす）のような形をしていますが、ネコの奥歯の先端は尖っていて、咀嚼のできる形ではありません。次に、ネコが口を閉じているとき、唇をめくり上げて奥歯を見てください。上の奥歯が外側に、下の奥歯が内側に“すれ違っていて”、私たちの奥歯のように“かみ合わさって”はいません。やはり咀嚼のしようがありません。

ネコは、奥歯で肉を飲み込める大きさに“かみちぎって”いるのです。そして、そのまま飲み込むのが正統な食べ方です。かみちぎるための奥歯だから、先端が尖っていて、かつ“すれ違って”いるのです。私たちが、前歯で適当な大きさにかみちぎるのと同じです。私たちの前歯も先端が尖り、かつ前後に“すれ違い”ます。ハサミでものを切るのと同じしくみです。

刺身を１切れ、ネコに与えてみてください。頭を横にして、奥歯でガシガシと２～３回かんで飲み込みます。この２～３回のガシガシが、飲み込める大きさにかみちぎっているときです。咀嚼しているのではなく、かみちぎっているだけです。かみちぎって丸飲みだから、ネコの食事はアッという間に終わるのです。

キャットフードはかみちぎる必要がないので、ネコたちは最近、この“正統”な食べ方をするチャンスがなくなってきています。残念なことです。

よくかまずに飲み込むのはなぜか

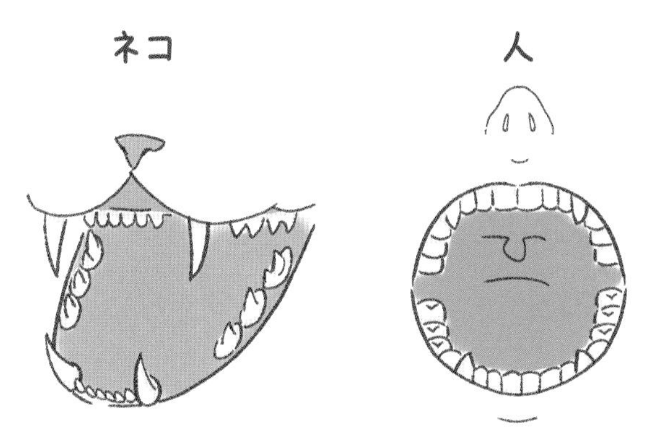

ネコの奥歯は先端が尖っている。

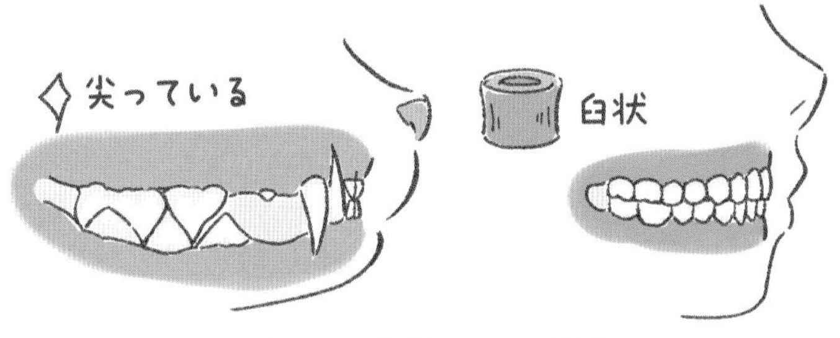

ネコの奥歯はすれ違う。

私たちの前歯と同じ、ハサミでものを切るときと同じしくみ。
顔を横にしてかむのは奥歯でかみちぎるため。

Column

ネコから人にうつる病気

医学的観点から考えると、夜、ネコといっしょに寝るのはよくないとされています。「寝室にペットは入れないほうがいい」と、医師たちはいいます。ペットから人にうつる病気（ペット感染症）の心配があるからですが、実際には、多くの人がネコといっしょに寝ています。「寝室」がないから、物理的に無理という人もいますが、なによりも、ネコと寝る幸せはなにものにも代えがたいと思っている人が多く、いまさらやめることなど不可能だという人がほとんどなのが事実でしょう。

だったら、もっと現実的に考えましょう。ペット感染症の知識を、きちんと持った上で、ネコと寝ればいいのです。どんな感染症があるのかを知り、なにに気をつけなくてはならないのかを知っていることが大切です。体に不調があるときはペット感染症も疑い、早めに病院で診察を受け、ネコを飼っていることを医師に告げましょう。

ネコから人にうつる病気は意外に多く、7種ほどあります（92ページ）。感染したら最後、すぐに重篤な状態におちいるというものはないものの、抵抗力が落ちているときは重い症状につながる可能性もあります。人は40才をすぎたころから抵抗力が落ちることを頭に入れて、ふだんから体力づくりと健康維持を心がけましょう。糖尿病や肝臓疾患（かんぞうしっかん）のある人は、特に注意が必要で、ぐあいが悪いときはネコと寝るのは避けたほうがいいでしょう。

ペット感染症の知識を持ち、十分な対策をした上で、ネコと幸せに寝てください。腕枕でスヤスヤと眠るネコほど、愛くるしいものはありません。この幸せを守るための心がまえが必要です。

ペット感染症の基礎知識

細菌やウイルス、リケッチア、原虫などの微生物が
体内に侵入して起きる病気のことを感染症という。

すべての病原体がすべての動物に感染するわけではない。微生物によって住める環境が違うからである。

たとえばインフルエンザウイルスは、人やブタや鳥の体内で生き増殖するが、ネコやイヌの体内では生きられない。だから、ネコやイヌが人のインフルエンザに感染することはない。

人にも動物にも感染するものを
「人獣共通感染症」という。

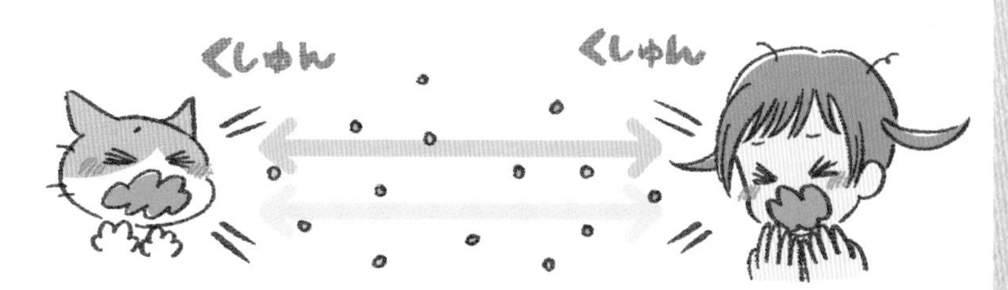

その中でネコやイヌ、鳥、カメなどのペットから人に感染するものを一般に“ペット感染症”といい、おもなもので約25種類。

ネコから人にうつる病気

病名	病原体	感染経路	
ネコひっかき病	グラム陰性細菌	ネコによるひっかき傷、かみ傷から感染。ノミのさし傷からの感染も考えられる	
Q熱	コクシエラ・バーネッティ（細菌）	人やネコだけでなく、さまざまな動物がかかる感染症。感染動物の乳汁、尿、糞便、胎盤などに排泄された病原体が空気中にまいあがり、粉塵とともに吸引	
皮膚糸状菌感染症（真菌症）	皮膚糸状菌（真菌の一種）	感染した動物を抱いたりなでたりすることによる直接感染、感染した人から人への間接感染	
疥癬（かいせん）	ヒゼンダニ	感染動物を抱いたりなでたりすることによる直接感染、または寝具などを介した間接感染	
パスツレラ症	パスツレラ・ムルトシダなどの細菌	多くのほ乳類が保有する常在菌で、ネコの保有率は口腔内で100％、爪で25％程度。ひっかき傷、かみ傷、キスなどによる直接感染と飛沫感染	
イヌ・ネコ回虫症	イヌ回虫、ネコ回虫（いずれも寄生虫）	糞便に排泄された虫卵が手指についたり、お尻をなめたネコから虫卵が人に渡ったりして、口にしてしまう経口感染	
トキソプラズマ症	トキソプラズマ原虫（寄生虫）	感染したネコの糞便に排泄されたオーシスト（休止状態の原虫で、卵のような形態）、または感染したブタなどの肉（加熱不足）を摂取することによる経口感染。妊娠中に母親が感染すると、胎児に感染することがある	

人の症状	ネコの症状
受傷の数日から2週間ほどのち、傷部が赤紫色に腫れる。化膿して膿を排出することも。付近のリンパ節が腫れて痛む。全身症状としては倦怠感、発熱、頭痛、咽頭痛。予後良好のことが多いが、まれに脳症、髄膜炎などの合併症あり	保菌していても、ほとんどが無症状
18～21日ほどして発症し、一過性の発熱、軽度の呼吸器症状で治癒することもあれば、インフルエンザのような症状が出ることもある。まれに脳炎または髄膜脳炎などとなる（急性Q熱の場合）	軽度の発熱で終わることが多い。妊娠している場合は流産や死産を起こすことがある
一般に「白癬(はくせん)」や「たむし」などといい、感染はほぼすべての部位の皮膚に起こりうる。症状は、発疹、鱗屑(りんせつ)、かゆみなど。感染した場所によっては脱毛が見られることもある	頭、首、あしなどに円形状に脱毛した箇所ができ、しだいに広がっていく
手、腕、腹などに赤斑ができて非常にかゆい。夜間のかゆみは特にひどい。手のひらや指の間に疥癬トンネルという灰白色または液黒色の線状の発疹ができる	耳の縁やひじ、かかと、腹などにかさぶたができ、毛が抜ける。激しいかゆみが生じる
60％程度が呼吸器感染症。日和見感染（体の抵抗力が落ちているときにのみ発症すること）の傾向があり、症状は、軽い風邪から肺炎までさまざま。糖尿病、肝硬変などの基礎疾患がある人や中高年者には重症化の危険がある	一般に無症状。まれに肺炎を起こすことがある
人に感染した場合は成虫になれないため、幼虫のまま体を移行する。網膜や内臓に移行して障害を与えることがある	下痢、腹痛、消化不良
ほとんど無症状のこともあれば、軽いインフルエンザのような症状が出ることもある。免疫機能が低下している場合、脳炎や肝炎などの原因になり、重症化する可能性がある	ほとんどが無症状。まれに発熱や呼吸困難をともなう間質性肺炎や肝炎を起こすことがある

ペット感染症の予防を心がける

前ページにあげたペット感染症で、ワクチンのあるものはありません。ということは、病原体をなくすか感染経路を断つかしか、予防法はないということです。感染症が存在することを忘れずに、日々の注意を怠(おこた)らないようにしたいものです。以下の注意を習慣にすることをおすすめします。

①ノミ、ダニ、回虫などの駆虫をする。定期的にネコの検便をする
②トイレの掃除をこまめにし、掃除のあとはかならず手を洗う
③部屋の掃除もこまめにする。なるべくカーペットは使わない
④部屋の換気をよくする。または殺菌効果のある空気清浄機を設置する
⑤外からの病原体を防ぐためにゴキブリやネズミの駆除をする
⑥口移しで食べ物を与えたり、食べている箸で与えたりしない
⑦キスをしない
⑧うがいを習慣にする
⑨室内飼いのネコは爪を切る
⑩人の健康を保ち、抵抗力を高める

「うちのネコはだいじょうぶ」と思いたい気持ちはわかりますが、パスツレラ症の項をもう1度、読んでみてください。ネコの口の中には100%、この細菌がいるのです。でもネコにはなんの症状もありません。ところが抵抗力の落ちている人に感染すると、ひどい症状が出る可能性があるのです。

ネコにはなんの罪もありません。感染しないように気をつけるのは飼い主の役目であり責任です。その責任をはたすことが、ネコを愛することでもあるのです。

第3章

ネコの行動と気持ち

28 顔洗いは見事な手順で行われる

ネコが顔を洗うのは、ほとんどの場合、食事のあとです。「顔を洗う」とひと言でいいますが、よく見ると、最初に洗っているのは口の両脇にあるヒゲです。まず舌で口の周りをなめますが、このときに、ヒゲを口の周りに押しつけながら、きれいにしているのです。口を大きく開けるのは、口角をなめるためではなく、ヒゲの先端までなめるためです。次に、なめた前あしでヒゲをこすり、その前あしを、またなめてヒゲをこすり、これを繰り返します。次に反対側の前あしを同じように使って、反対側のヒゲもきれいにします。

ヒゲの掃除が終わると、顔全体を洗い始めますが、顔も直接なめることができないので、なめた前あしを使います。前あしをなめてぬらして顔をこすり、こすった前あしの汚れをなめ取り、また顔をこすり…と繰り返し、そして最後に、前あしをなめて終了です。つまり、汚れをなめ取って終了しているわけで、立派な理論のもと、見事な手順で行われているのです。

ネコは本来、生きた獲物を殺して食べていたわけですから、食後は口の周りだけでなく、顔全体が汚れています。そのままにしておくと不潔です。そこで食後に、口の周りや顔をきれいにするという習性があるのですが、もう1つ理由があります。それは体臭を消すということです。ネコは待ち伏せをして狩りをする動物ですから、体にニオイが残ることを嫌います。体臭があると、獲物たちがネコの存在に早期に気づいて逃げてしまうからです。

体臭を消すことが、ネコという動物の重要課題なのです。だから、汚れを落とすだけでなく体臭を消すためにも、熱心な顔洗いをするのです。

食後の清掃手順

①口の周りの汚れを取る。

②ヒゲの汚れを取る。
手をなめてこすり、
なめてこすり…。

③顔全体の汚れを取る。
なめてこすり、
なめてこすり…。

④最後に手をなめて終了。
ぬらした手で汚れを取り、
最後に手の汚れを
なめ取っていることになる。

🐾毛づくろいにはリラックス効果がある

食後の顔洗いが終わるとネコは、どこかゆっくりとできる場所に移動して、今度は体全体の毛づくろいを開始します。背中をなめ、お腹をなめ、あしをなめ…。「ネコはきれい好き」といわれるゆえんですが、これも体臭を消すための日々のメンテナンスです。そして「よくぞ飽きずになめ続ける」と思えるほどになめたあと、コテッと寝てしまいます。コテッと寝られるよう、ゆっくりできる場所に移動していたのです。

体をなめる毛づくろいには、リラックス効果があります。だから、なめているうちに眠くなり、がまんができなくなってコテッといくのです。

なめることにリラックス効果があるのは、ネコにかぎりません。ほ乳類はみな同じです。自分でなめても親や仲間がなめてくれても、効果は同じです。そして"なめること"も"なでること"も体に与える刺激効果としては同じスキンシップです。

ほ乳類の子どもはみな、親になめてもらったり、なでてもらったりしながら育ちますが、そのスキンシップが安らぎとリラックスをもたらし、心身ともに健康な成長をももたらすのです。お腹がいっぱいになって安心と安らぎを感じたほ乳類の子どもたちはみな、眠りに落ちますが、これと同じことが毛づくろいのあとのネコにも起きているというわけです。

スキンシップによってリラックスしたとき、血圧や脈拍が下がり、消化液や成長ホルモンの分泌が高まることは、実証されています。興奮状態にある人を、愛情を込めて抱きしめると落ち着くのもスキンシップによるリラックス効果です。私たちがネコをなでるとリラックスするのは、なでることが自分へのスキンシップにもなっているからです。

ネコの体の毛の向き

ネコの体の毛の向きは、場所によっていろいろ。
この毛の向きにそってなめる。
なめやすいようになのか？
それとも、なめるからなのか？

29 飼いネコに見られる赤ちゃん返り

飼いネコはいつまでも子ネコ気分のままでいるという話を16ページでしましたが、子ネコ気分のままでいるせいで、子ネコ特有の行動がおとなになっても表れることがあります。

まず、シッポを真上にピンを立てて飼い主に近寄ってくる行動がそうです。もともとは、子ネコが母ネコに世話を求めて近寄るときにするしぐさで、おそらく、こうするとお尻をなめてもらいやすくなるのでしょう。飼い主にエサをねだるときや、抱っこしてもらいたいとき、つい子ネコの気分になって、シッポが立つのです。

抱くと、のどをゴロゴロとならすのも子ネコのときの行動です。子ネコはオッパイを飲みながら、ゴロゴロといいますが、そのときと同じ気分になっているのです。さらに、両手で人の体をモミモミするのも、子ネコのときのしぐさです。前あしを交互に動かすのはオッパイを飲んでいるときの動きそのものです。そうすると乳がよく出るからで、オッパイを飲んでいるときとまったく同じ気分になっている証拠です。

モミモミは人の体だけでなく、毛布の上でもします。やわらかいものとの接触が、子ネコ時代へと誘うのでしょう。毛布を吸いながらモミモミするネコもいます。

“赤ちゃん返り”ということになりますが、飼いネコは一生、独立する必要はないのですから、赤ちゃんのままで問題はなにもありません。それどころか、そのほうがかわいいし、ネコはかわいがられてこそ幸せになれます。ですから、かまいません。“赤ちゃん返り”を大いに楽しんでください。

飼いネコに残る子ネコ特有のしぐさ

子ネコに見られるしぐさには理由がある。

子ネコが母ネコに甘えたいとき、しっぽを立てて近寄る。

うまいぐあいにお尻をなめてもらえるから。

オッパイを飲んでいたときと同じ気分になるとモミモミが出る。

飼いネコは、おとなになっても同じしぐさをすることが…。

「よしよし」とやさしく体をたたいて寝かせてあげよう

30「なんだ、これは？」と、ひっぱたく

「部屋の中のいつもの通り道に、見なれないものがある。ふだん、ここにこんなものはない。なんだ、これは？」とネコが思ったとき、不思議な行動をとることがあります。部屋の真ん中に掃除機が置いてあったり、テレビのリモコンが落ちていたりしたときです。「怖いというほどでもない、かといって無視するには気にかかる。確かめてみたいが不安がないわけでもない」というとき、ネコはまず首だけをのばしてものに近づき、あっちからこっちからとながめます。「まだなんだかわからん」となると今度は、腰はもとの位置のままで上半身だけをのばし、片手を恐る恐るのばして、ものをバシッとたたきます。たたくのと同時に手ははね上げて、顔のあたりで静止です。加えてアゴを引き、目はシバシバとさせています。
「ちょっとだけ攻撃してみよう」がバシッで、「反撃がくるかも」の緊張が、手の静止とアゴ引きと目シバシバなのです。当然ながら"敵"は微動だにしません。するとネコは「もう少し攻撃してみるか」と今度は、バシバシッとたたきます。たたいたあとは、やはり「招きネコ」状態の、アゴを引いて目をシバシバ。それでも"敵"はジッとしたままで、当たり前ですが、うんともすんともいいません。すると今度はバシバシバシッ…、バシバシッです。

　ここでなにも起きないと、何事もなかったかのように去っていき、見ている人間は死ぬほど笑えます。野生時代、こうやって"敵"を無理やり動かし、動いたところで、獲物かどうかを判断していたのでしょう。動物本来の行動は、野生の中ならはっきりとした意味がありますが、人間社会の家庭の中だと意味不明であることも多いのです。

ネコが突然ものをひっぱたくときの心理

たとえば部屋に掃除機が。

31 好みの寝場所にはマイブームがある

ネコの昼寝場所には、まるでマイブームがあるかのようです。たとえば毎日、ネコ用のベッドで寝ていたかと思うと、ある日をさかいに毎日、窓際のイスの上で寝るようになります。次は毎日、玄関の下駄箱の上といったぐあいです。日替わりで変えるということは、あまりありません。さらに、マイブームが去って以降、二度とそこを利用しないこともあれば、また復活することもあります。季節による快適度があるのはわかりますが、それだけでもないようです。律儀(りちぎ)なのか、気まぐれなのか…、そこのところはよくわかりません。

わかるのは、ベッドは1つではダメだということだけです。ネコに快適な寝場所を提供しようと思うなら、ベッドを複数、いろんな場所につくるのがいいでしょう。そして「最近、このベッドは利用しないから」と片づけてしまってもいけません。ブームの再来ということもあるからです。

さらに、「無駄なスペース」をあちこちに空けておく必要もあります。寝るスペースがなければ、ネコの自由なベッド選びはできないからで、本棚は、無駄に1段、空けておくのがいいでしょう。タンスの上に、物をゴチャゴチャと置くのもやめましょう。そしてネコがその空いたスペースを寝場所に選んだら、寝心地がいいようにタオルなどを敷いてあげましょう。

ちなみに、ベッドや昼寝場所に敷いてあるタオルなどは、定期的に洗濯してください。衛生面の問題だけでなく、ネコは洗いたての布が好きなのです。洗ったタオルを敷いただけで、昨日まで使っていなかった場所に寝るようになることもあるほどです。ネコのベッドは、クォリティ・オブ・ライフの重要な要素なのです。

ネコはベッドをいくつも使う

32 ネコも夢を見る

熟睡したネコのあしが突然、ピクピクと痙攣(けいれん)するように動くことがあります。そのうち瞼(まぶた)や眼球もピクピクと動き、唇も動いてミチミチと音を立てます。しまいに背中もザワザワと動いたりします。そのとき、ネコが夢を見ている可能性大です。もし「う〜、う〜」などと寝言をいっていたら、確実に夢を見ています。

睡眠には、レム睡眠とノンレム睡眠の2つのタイプがあります。それぞれを簡単に区別すると、前者は体が眠っていて脳は起きているタイプ、後者は脳が眠っていて体は起きているタイプです。ほ乳類は、睡眠中にレム睡眠とノンレム睡眠を何度も繰り返しています。鳥類、そして、は虫類の一部は、おもにノンレム睡眠をする中で、一時的にレム睡眠が現れます。

人はレム睡眠のとき、閉じた瞼の下で眼球が急速に動きます。そして多くの場合、夢を見ています。レム睡眠のレムは、Rapid Eye Movementの頭文字を取ったもの、ノンレムは、Non Rapid Eye Movementの頭文字です。ネコやイヌの場合は、眼球だけでなく、あしや唇も急速な動きをします。そして実験の結果、ネコもレム睡眠のときに夢を見ていることが証明されています。同様に、ほかのほ乳類も夢を見ているだろうと考えられています。

レム睡眠は、脳は起きていて体が眠っている状態だといいましたが、脳が起きているから夢を見るのです。体は眠っているので、姿勢を保つ筋肉の緊張がゆるみ、だからピクピクと意味もなく動くのです。体が眠っていますから、触っても、なかなか起きません。

最後に、ネコはどんな夢を見るのでしょうか。こればかりは永遠のナゾといえそうです。

睡眠中のネコ

レム睡眠中のネコ。夢を見ていることが多い。
寝言をいうこともある。

人もレム睡眠中に
夢を見る。

たまに、ねぼけて逃げ
出したりするネコもいる。
夢と現実を区別できて
いるのか？

33 「やる気のスイッチ」は夜中に入る

動物には、夜行性の動物と昼行性の動物とがいます。ネコは夜行性の動物といわれています。夜行性といっても、夜通し起きているわけではありません。夜は起きている合間にときどき寝て、昼間は寝ている合間にときどき起きているといったところです。放し飼いのネコの場合、深夜になると出かけていきます。「やる気のスイッチ」が入り、ジッとしていられない気分になるからです。野生の場合、このスイッチが入るからこそ、狩りをするエネルギーが出るのです。そして、深夜に「やる気のスイッチ」が何度か入るという体内時計は先祖代々、ネコが受け継いでいるものです。

子ネコを飼うと、深夜に大騒ぎをして走り回り、飼い主は寝不足になるものです。それは、先祖代々の「やる気のスイッチ」が正しく入るからなのです。追いかけっこ、ケンカごっこと、その元気度は昼間の比ではありません。それこそ“夜中の大運動会”です。放し飼いの場合、この元気をもって夜遊びに出かけるようになるわけです。

室内飼いの場合も、夜中になると突然、「ウグッ」という掛け声とともにダダダッと走り出したりするものですが、成長するに従って、だんだんとスイッチの入る回数が減っていきます。そして、飼い主が寝る時間にいっしょに寝始めて、朝までずっと寝るようになります。昼間もさんざん寝ているのに、飼い主といっしょに同じだけ眠るのです。昼間、人が家にいる家庭の場合は特にそうです。年齢的なものだけでなく、ネコの文化というべきでしょう。人に生活に合わせた暮らしをするようになるわけです。先祖代々の体内時計が、暮らし方の変化とともに変わってくるということです。ネコは意外に高等な動物です。

ネコの体内時計

ネコ本来の体内時計

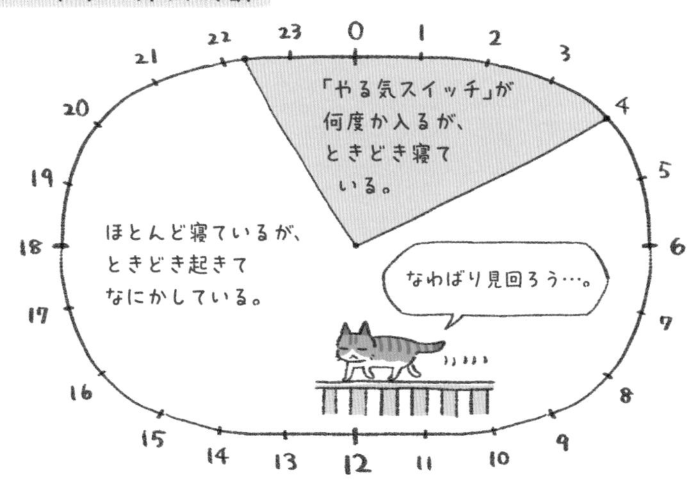

室内飼いのネコの体内時計

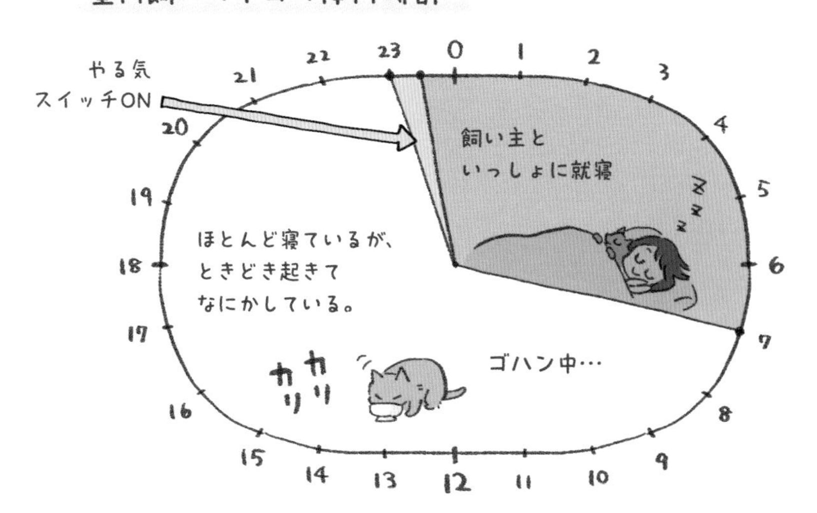

34 トイレの前後にパワー全開

室内飼いのネコのトイレタイムを観察していると、不思議なことに気づくはずです。トイレの前後に、"夜中の大運動会"レベルで走り回るということです。突然、走り出し、「どうしたのだろう?」と思っていると、トイレに飛び込んでウンコかオシッコをするのです。そして事後処理が終わったとたんに、またダダダッと走り出します。トイレから飛び出すときの後ろあしの蹴りで、トイレが移動してしまうほどなのです。

これはいったい、なんなのでしょうか。考えられるのは、本来、ネコが用を足しにいくには、かなりのエネルギーが必要だったのだろうということです。野生の場合、巣穴から出てトイレの場所まで行くわけですが、その道中には、それなりの危険があるでしょうし、オシッコやウンコをしている最中も無防備ですから危険です。さらに帰ってくるときにも危険があります。だから、「トイレに行きたい」と思ったときは、かなりのモチベーションと"やる気"を持って巣穴から出て、また帰ってくる必要があったのでしょう。つまりトイレと"やる気"はセットになっているというわけです。

放し飼いのネコも、ちゃんと"やる気"でトイレに行っているはずです。そうでなければ、真冬の夜中にトイレに出かける気力などないでしょう。でも室内飼いのネコのトイレは安全な家の中にあるのですから、"やる気"のエネルギーを使う必要がありません。でもセットですから、とにかくエネルギーを発散しないと「帳尻が合わない」のです。それが、トイレ前後の走り回りだと想像できます。

暮らしの変化とともに変更できることと、どうしても変更できないことが、ネコにもやっぱりあるようです。

前にもあとにも「ダダダッ」

野生ネコの場合、巣穴からトイレまでの道中は危険で、
最中も無防備。帰りも警戒しなければならない。
かなりのモチベーションと“やる気”のエネルギーが必要。

トイレまでの道中、
緊張する！　と
エネルギーを発散して
「ダダダダダ」！

敵が飛び出してくる
かもしれない！
とエネルギーを発散して
「ざっざっざっ」！

帰りも警戒をおこたるな！
とエネルギーを発散して
「ダダダダダ」！

室内飼いのネコのトイレは、安全な家の中にある。
“やる気”のエネルギーは必要ないが、発散させないと
帳尻が合わないのかも。

35 トイレは見られてもかまわない

トイレに入っている姿を人に見られたくないのは人もネコも同じだろうと思いがちですが、それは考えすぎです。もしそうなら、トイレのあと、人の顔の前で大胆にお尻をなめたりはしないはずです。誰にもじゃまをされず、安心して用を足したいとは思ってはいても、飼い主に見られたくないとは思っていません。ネコにとって飼い主は危険な存在ではないのですから、見られても不安とは縁がないのです。

「見られたくないはず」と思うと、洗面所のすみなどの「人から見えない」場所にネコのトイレを置くことになるのでしょうが、これではネコの健康管理が心もとなくなってしまいます。トイレはネコの健康管理の第一歩なのです。それには、"出た"あとのオシッコやウンコの状態をチェックするだけでは足りません。"している最中"も、大切なチェックポイントで、そのためには、人から見える場所にトイレを置いておく必要があるのです。

最近のトイレ砂の消臭効果はすぐれているものが多いので、居間のすみなどに置いておいてもニオイが気になることはありません。トイレに入るときの様子、"使用中"の様子、"使用後"の様子が、"片手間で"観察できる場所に置くことをおすすめします。トイレに入ったのになにも出なかったという最大の危険信号は、こうしなくてはキャッチできません。

落ち着いて用が足せるような場所で、人からも見える場所。客人の座る場所からは見えなくて、家の人間からは見える場所にトイレを置きましょう。トイレの観察は病気の早期発見に役立つだけではありません。ネコそれぞれに癖(くせ)があり、見ているとけっこう、笑える楽しい時間でもあるのです。

健康管理のためのトイレの観察

オシッコがしたいのに出ないのは、
ネコ泌尿器症候群などの疑いあり。
すぐ病院へ！　きばるのに
ウンコが出ないのも問題。

でも健康なネコのトイレ観察は

へたなお笑いより
よほど笑える(笑)

ネコは繊細！ トイレトラブルは消去法で解決

ネコは、排泄場所を選ぶときの条件がはっきりしていますから、基本的には簡単にトイレのしつけができます。トイレ砂の入ったトイレさえあれば、床や畳の上ではなくトイレを選ぶからです。１～２度、トイレに誘導するだけで簡単に覚え、以後はかならずトイレを使います。

ところが、突然トイレを使わなくなることがあるのです。風呂場のマットや布団の上などでやってしまいます。これがトイレトラブルです。叱ってもまったく効果はありません。効果がないばかりではなく悪化さえします。なぜトイレを使わなくなったのか、その原因を探し出し、それを排除する以外に解決策はないのです。

排泄場所としての条件がはっきりしているということは、条件が満たされなくなったら使わないということでもあるのです。では、どの条件が満たされなくなったのかということになるのですが、それを見つけるのは意外にむずかしいでしょう。気づかないままに条件が満たされていたということもあるからです。

考えられる原因を１つずつ取り除いてみること、それが解決策です。トイレ砂が気に入らないのか？ と思ったら、トイレ砂を変えてみます。効果がなければ、トイレ砂が原因ではありません。では場所に問題があるのか？ と、次はトイレの場所を変えてみて、やはり効果なしなら、それも原因ではないことになります。そうやって、原因探しを続けていくのです。トイレの近くになにげなく置いたものが、ネコを不安にさせていたということもあるので、ささいなこともすべて、「原因かもしれない」と疑ってみることが大切です。ネコは意外に繊細で神経質な生き物でもあるのです。トイレタイムのていねいな観察と試行錯誤で、トラブルを解決してください。

トイレトラブルが起きたら

①絶対に叱ってはダメ。
ネコは、「この人、凶暴」
と思うだけ。

②あしが痛くてトイレに
入れないのかも。
ケガなどをしていないか
チェックする。

③病気かも。オシッコの
状態や回数をチェック。
おかしいと思ったら
すぐ病院へ。

④原因かもと思えるものを
1つずつ排除してみる。

36 持ち帰った獲物はおみやげじゃない

ネコの狩猟本能は、生まれつきそなわっているものですから、なくすことはできません。獲物を見ると、どうしても捕まえたくなります。本能とは、その動物の生存を可能にさせることに根ざしたもので、かつ満たされると"快感"があるものです。快感は、それをやらせるための"ごほうび"なのです。たとえば、お腹がすいたときなにかを食べることは快感です。快感があるからこそ、食べたいと思うわけです。食事が不快感とセットだったら、誰も食べようとは思いません。同じようにネコの場合は、獲物を捕まえること自体に快感があるのです。だから止められないのです。

放し飼いのネコが外で獲物に出会ったら、空腹でなくても、とにかく狩りをしてしまいます。獲物を見ると、狩猟本能のスイッチが入ってしまうからです。ただし狩りに成功したとしても、家で十分なエサをもらっているネコには、次の「食べよう」というスイッチが入りません。すると「安全なところに隠しておこう」というスイッチが入ります。飼いネコにとってのいちばん安全なところは家ですから、持って帰ってきますが、家についたころには「安全なところに隠しておこう」という本能も満たされて、さらに飼い主の顔を見ると「隠しておこう」と思ったことも忘れてしまい、だからポトンと落とすのです。すると飼い主の前に置いたように見えるだけで、飼い主へのおみやげなどでは決してありません。

その証拠に、飼い主が取り上げようとすると必死で抵抗します。取られそうになると、自分の獲物だという本能がまた目覚めるのです。飼いネコは、本能のスイッチが入っても途中で切れてしまい、正しく完結しないという状況にあるといえます。

ネコが獲物を持って帰る理由

ネコは獲物を見ると狩猟本能のスイッチが入る。

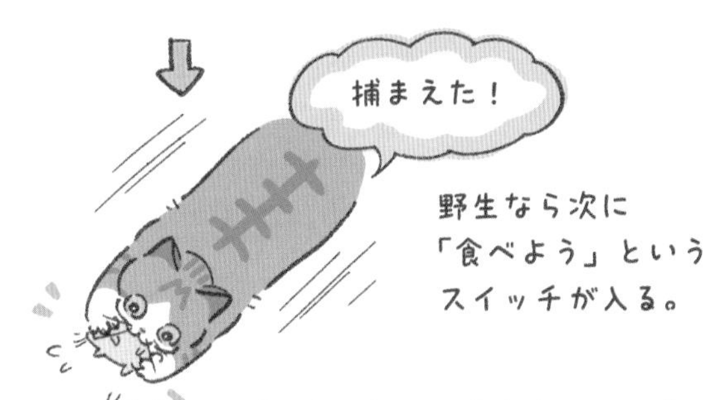

野生なら次に
「食べよう」という
スイッチが入る。

でも十分なエサをもらっている
ネコは「食べよう」スイッチが
入らない。すると、

というスイッチが入る。

安全な家に持ち帰るが、
これといった目的はない。

ネコにはそんな意識は
ないのだ。

本当の狩りができないネコが増えている

ネコは、狩猟本能を持って生まれてきますが、すぐにネズミを捕まえられるわけではありません。練習をし、訓練を重ねて初めて、獲物を捕まえられるようになるのです。

その練習や訓練が、子ネコのときの“じゃれつき遊び”です。子ネコは「やらずにはいられない」ことをやっているだけなのですが、われわれの目には遊んでいるようにしか見えません。でも遊びとはそもそも、「やらずにはいられない」ことをやるのが楽しいときに成り立つものです。動物はみな、その動物に必要な動きをやることが楽しくて、だから子どものときに“遊び”としてそれをやり、結果的にそれが練習や訓練になっているのです。

子ネコは、足腰がしっかりしてくると、今度は動くものを追いかけたり飛びついたりし始めます。その中で体力をつけ、また飛びつくタイミングなどを習得します。さらに成長すると、“遊び方”はだんだんと高度になっていきます。そして待ち伏せて忍び寄り、飛びつくという、狩りのための一連の動きがスムーズにできるようになってきます。野生の場合、この段階で実際の狩りを始め、失敗を繰り返しながらだんだんと完璧な狩りができるようになります。生後４～５か月でこの段階に達すると考えてよいでしょう。人に飼われている場合でも、放し飼いのネコなら外で実践を積み、最初は虫などの小さなものを、しだいにネズミや小鳥などを捕まえるようになります。

室内飼いの場合は、実践のチャンスがありませんから、「実際に狩りをやってみる」段階の前でストップです。いまや、ネズミを見たことのないまま一生を終えるネコも少なくありません。現代のネコは疑似的な狩りを遊びとして続けるしかないようです。

子ネコのじゃれつき遊び

ネコは生まれたときから、
動くものを捕まえたい
という衝動を持っている。

じゃれついたり、
追いかけたりしているうちに
体力がつき、技術をマスター。

そのうち実際の狩りを
し始める。

室内飼いで実践できず、
経験が積めないネコもいる。

37 自分が大きくなったと気づかない

野生時代のネコは、木のウロや岩場の隙間などに入り込んで寝ていました。そこが多少、狭くても、体のやわらかいネコは苦痛ではなかったのでしょう。それよりも狭いことは安心材料であったはずです。自分よりも大きな動物が入ってくることができないからです。自分より大きな動物、それはネコを獲物として襲ってくる動物かもしれないのです。

狭いところに入りたがる習性は、人に飼われるようになったいまでもネコに残っています。本箱の隙間などに、どう見ても苦痛だろうと思える格好で寝ています。また、穴ぐらのような場所があると、入ってみなければ気がすまないようです。そして入ってみて「なかなか快適」と思えばかならず、昼寝を始めます。床に紙袋が置いてあるときなどがそうです。野生時代も「よさそうな隙間や穴ぐら」を見ると、とりあえず入ってみて、「よさそう」と思えば昼寝をし、以後、自分の昼寝場所リストに加えていたのでしょう。

この習性に加えてネコには、「昨日やって安全だったことを今日もやる」という習性があります。昨日やって安全だったことを今日もやったほうが、危険性が少ないと考えるからで、60ページで述べたように、ネコはおおいに「安全パイ主義」なのです。だから1度、昼寝場所にしたところは翌日も昼寝場所にします。子ネコのとき昼寝場所に選んだ小さな箱に、翌日もその翌日もという風に寝ていると、いずれ自分が大きくなりすぎて入れなくなるわけですが、それに気づかないらしいのです。けっきょく、とんでもなく無理な姿勢で寝ることになるわけで、見ている人間は、もう笑うしかありません。

ネコが狭い場所に入りたがる理由

38 ネコはマタタビダンスで蚊をよける

ネコがマタタビのニオイをかぐと興奮状態になり、寝ころがって体をクネクネとさせ、俗にいう“マタタビダンス”を踊ることは昔から、よく知られていました。でも、それに、どんな意味があるのかは、わからないままでした。というより、そんなことを真剣に考える人はいなかったのでしょう。ただ「ネコにマタタビ」ということわざが、大好物のたとえとして江戸時代から使われてきました。わかっていたのは、マタタビに反応するネコとしないネコがいることと、ネコ以外のネコ科動物も反応するということだけでした。

ところが2020年、岩手大学を中心とする研究グループが、真剣に考え、実験を重ねてこのナゾを解明したのです。それによると、マタタビに含まれるネペタラクトールという物質を体にこすりつけることで蚊を遠ざけているというのです。確かに、ネコは待ち伏せをして獲物を狙いますから、蚊がブンブンと飛び回る夏のヤブの中にひそんでいるときの蚊よけ対策は必要でしょう。それにしても、ネペタラクトールが脳に働きかけて多幸感をもたらす結果、クネクネして頭や顔や体にその成分がつき、蚊を追っ払っていたとは驚きです。

マタタビダンスは酔っぱらったような状態になり、ヨダレを垂らすこともあるので、毒性や麻薬のような依存性を心配する人もいます。そこで同研究グループは3年後、今度はマタタビの毒性や依存性について調べ、なにも問題はないことを証明しました。ネコの祖先が、待ち伏せ中の蚊の攻撃に悶絶しながら蚊よけ効果を獲得するための進化をしたということになります。すばらしい、のひと言です。

ネコにマタタビ

このことわざが、大好物のたとえとして使われるほど、ネコのマタタビ好きは知られていた。

でも詳しいことはわかっていなかった。

2020年、ネコがマタタビを好むナゾを科学的に解明！
ネコはマタタビを体にこすりつけることで蚊を遠ざけていた！

マタタビダンスは5分で終わる。

マタタビの成分がネコに多幸感をもたらすので、
クネクネして体にその成分がつく→蚊が追い払われる

さらに2023年、マタタビの毒性や依存性についてなにも問題はないことが科学的に証明された！

それはそれとして、マタタビにまったく反応しないネコもいる。

39 人の体にスリスリは“孫の手”代わり

ネコが、タンスの角やイスのあしなどに顔をスリスリとこすりつけていることがあります。自分のニオイをつけているのです。ネコのほほやアゴの下、首の後ろにはニオイの出る腺があり、そこをこすりつけると自分のニオイがつき、安心するのです。

安心するニオイが漂(ただよ)うところでは、さらに安心して、またスリスリします。すると、また安心してスリスリし…、そうやって日に何度もスリスリを繰り返す結果、自分のなわばり内で、安心できるニオイがいつも強くするようになります。そしてそこが、そのネコにとってのなわばりの中心で、もっともリラックスできる場所になるわけです。

なわばりの中心から離れるにつれて、すごす時間が短くなりますからスリスリの頻度も落ち、そのニオイも少なくなって、安心の度合いも低くなります。そして、ふだん行くことのないなわばりの外でスリスリをすることはありませんから、安心するニオイがまったくしません。だからネコは、なわばりの外に出たとたんにとても不安になるのです。よほどの緊急事態でないかぎり、なわばりの外に出ようとはしません。

ところでネコは、なぜ安心するとスリスリをするのでしょうか。おそらく「ふだんから臭腺の部分がムズがゆい」のです。でも緊張しているときは忘れていて、リラックスすると、ムズがゆさを思い出して「かきたく」なり、「かく」ために、どこかにこすりつけるとニオイがついてくれるという寸法です。

「かく」ためですから、スリスリは人の体でもいいのです。つまり人の体にスリスリは「孫の手」代わりにされているようなものですが、ネコが安心している証拠だと思って、快く「孫の手」になってあげてください。

ネコがスリスリする理由

ネコの頭部にはニオイの出る腺がある。
そこはいつもムズがゆい。

安心してリラックスすると
つい、どこかに
こすりつけたくなる。
その証拠に、かいてあげると
とても喜ぶ。

40 オシッコを名刺代わりに使う

反対に、ネコが不安なときにするニオイつけもあります。立ったままオシッコを後ろの壁などに飛ばす「スプレー」といわれる行動がそうです。自分のなわばりに侵入者がいるときや、知らない場所に行ったときなどに、自分のオシッコのニオイで不安を解消しようとするのです。

ふだんネコは、オスもメスも座って排尿しますから、オシッコは土の中にしみ込んでいきますが、立ったまま後ろに飛ばしたオシッコは壁などの表面を垂れながら広がり、強烈なニオイを発します。成分はいつものオシッコと同じなのに、広がって蒸散することで強烈なニオイを発するのです。ほかのネコが、このニオイをかぐと、そのネコの年齢や体調などがわかるといわれています。不安を解消するために自分をアピールするわけですが、壁をタラタラと流れたオシッコは、いつまでも残りますから、ネコは自分の名刺を置いたような気分になるのでしょう。「今度来たときは、もう知っている場所だから、だいじょうぶ」と思うことで、さらに安心するのでしょう。

去勢したオスも、またメスもスプレーをしますが頻度が低く、未去勢のオスのスプレーがどうしても目立ちます。未去勢のオスは発情期にメスを求めて、どこまでも行くことがあり、ふと気がつくと知らない場所に来ているということが、よくあるからです。

室内飼いが普及した現代、スプレーは同居ネコとの折り合いが悪くて、ストレスを感じているネコにもっとも多く見られます。この場合は、いくらスプレーで自分をアピールしても効果はあまり望めませんから、暮らす場所を分けるなどの方法でストレスを軽減することを考えるしかないでしょう。

ネコのマーキング

表面がやわらかく
爪がささりやすい
材質のもので爪をとぐ。
これでニオイもつく

爪とぎによるニオイつけ。
元気なニオイをつけて
侵入者にアピール。
このニオイも
人間にはわからない。

不安なときはスプレー。
なわばりに侵入者が
来たとき、知らない場所に
連れていかれたとき、
同居ネコとうまくいかない
ときにすることも。

ニオイは強烈！
このニオイから
年齢、健康状態などが
わかるといわれている。

41 誤解されがちなネコの行動

ここまでに紹介した以外にも、疑問に思われたり、誤解されたりしやすいネコの行動があります。２つを紹介します。

布団の前の迷い癖

冬の夜、ネコが枕元にやってきて、人の顔をフンフンとかぎます。人は「布団に入れて」ということだと思い、「さぁ、おいで」と布団の端を持ち上げます。するとネコは布団の中をのぞき込み、頭を上下に動かしながら、いつまでも布団の中をうかがい続けるのです。人は布団を持ち上げた腕が疲れ、それでもがまんして待つものの、ついには「いいから入りなさいよっ」とネコを押し込むことになります。

なぜ、布団の前でネコは延々と迷い続けるのでしょうか。多分、真っ暗な布団の中を見て、野生時代、穴ぐらに遭遇したときと同じ行動をとるのだと思います。「中に入ってみたい、でもなにかいるかもしれない」と迷いながら頭を上へ下へと動かして中の様子をうかがっているのです。

文明の中でも野生時代の行動をとる、それがネコの魅力だと思います。でも冬の夜に布団を持ち上げているのは腕が痛いだけでなく、寒くて耐えられません。冬期にネコの気持ちに真剣につきあおうとするならば、まず体力づくりが必要なようです。

布団の中をのぞき込みながらもなかなか入らないのは、野生時代の名残。

ネコは泣かない

「ノラネコにエサをあげたら涙を流しながら食べた。あれは感謝の涙よね」といった友人がいました。その美しい話に水をさしたくはないのですが、ネコは気持ちのたかぶりで涙を流すことはありません。うれしくても悲しくても、悔しくても、涙を流すことはないのです。感情によって泣くのは人間だけです。目から涙がこぼれていたとしたら、それは感情ではない別の理由があるのです。友人がエサをあげたネコの場合は、「鼻涙管（びるいかん）がつまっている」のです。だから「病院で診察を受けさせたほうがいい」といいました。すると「なんて情緒のない人なの」と不愉快そうな顔をされてしまいました。でも、勝手な美談に酔うよりも科学的な判断でネコの健康を守るほうが大切だと信じます。

動物の目はみな、涙で保護されています。涙は目尻寄りの上瞼にある涙腺から出て眼球を潤し、目頭寄りの下瞼にある涙点から鼻涙管を通って鼻に抜けています。この流れで処理できないほど大量の涙が眼球上に放出されるか、または鼻涙管がつまったときに涙が目からあふれることになるのです。前者は人間の感情によるもので正常、後者はなにかのトラブルによるもので人間も動物も該当します。涙を流したノラネコもこれで、エサをかんだときに鼻にシワがよったせいで鼻涙管の中の涙が逆流したのでしょう。

鼻涙管がつまっても命にかかわることはありませんが、美しき誤解が無知の後悔に変わらないよう祈ります。

泣いているように見えるのは、鼻涙管という部分がつまっている可能性がある。

Column

なぜ、あんなにかわいいのか

イヌもかわいいし、ウサギもハムスターもかわいい。でもネコのかわいさは、それらのかわいさと少し違う。ネコ好きはみな、そう思っています。でも、それを大っぴらにいうと「ネコ好きって少し異常」といわれそうで、黙っている正常な人ばかりです。

だいじょうぶです。ネコは科学的に考えても、とりわけ「かわいい」のです。ほかのペットとは少し違うかわいさを満載した動物なのです。安心して「なぜ、あんなにかわいいのか」と本気で疑問に思ってください。

ある動物学者が「ほ乳類と鳥類の子は"かわいさの条件"を満たして生まれてくる」といいました。その"かわいさの条件"とは次の4つです。①小さくて、②まるくて、③やわらかくて、④温かい。

「なんじゃ、アホくさ」と思っている人、なんでもよいですから、ほ乳類か鳥類の赤ん坊を思い浮かべてください。ウサギの子、イヌの子、ヤギの子、アヒルのヒナ、ツルのヒナ…。どの赤ん坊も①小さくて、②体の突起が小さくて全体的にまるく、③フワフワのうぶ毛や"うぶ羽"が生えていてやわらかく、④子どもはおとなより体温が高いので触ると温かい、という点が共通しています。これが"かわいさの条件"だというのです。実際、理屈抜きで「かわいい〜っ」と思わせる要因は、これなのです。

ネコの赤ん坊も"かわいさの条件"を満たして生まれてきますから、格別なかわいさがあります。でもネコは、おとなになっても私たちにとっては「小さくて、まるくてやわらかくて温かい」、"かわいさの条件"を満たし続けます。つまり、赤ん坊的なかわいらしさを持ち続けます。だから「あんなにかわいい」のです。

かわいらしさの条件

ほ乳類と鳥類の赤ん坊には独特のかわいらしさがある。

①小さくて
②まるくて
③やわらかくて
④温かい

4つの条件がそろうと、
文句なしに、かわいい〜っ!!

人にとっては、おとなのネコも
“かわいさの条件”を
満たしている。だから

🐾われわれはほ乳類ゆえにネコがかわいい

ではなぜ、ほ乳類と鳥類の子は“かわいさの条件”を満たして生まれてくるのでしょう？

ほ乳類と鳥類の子どもは、親がめんどうをみないと育たないからです。は虫類や魚類は、例外はあるものの、親が卵を産んだあと、めんどうをみなくても子は育ちます。でもほ乳類と鳥類の子は、親がめんどうをみなかったら間違いなく死んでしまいます。“かわいさの条件”は、親に向かって発する「かわいいでしょ？　めんどうをみたくなるでしょ？」という信号なのです。

そして、ほ乳類や鳥類のおとなは、この信号に反応するようインプットされているのです。かわいさのあまり、つい手を出したくなり、めんどうをみたくなるようインプットされているのです。

人間もほ乳類ですから、赤ん坊は“かわいさの条件”を満たして生まれてきます。そして人間のおとなは、そのかわいさに反応します。この「めんどうをみたくなる」気持ちを、人間の言葉では母性本能というのです。母性本能は女性だけにあるものではありません。本来、男性にも女性にもあるものです。出産をした女性には、特に強く表れるというだけでしょう。

同じ「親がめんどうをみることで子が育つ」動物として、私たちはほ乳類と鳥類に共通の“かわいさの条件”に反応します。だからほ乳類と鳥類の赤ん坊を見ると、誰もが「かわいい〜」と思うのです。イヌがネコの子を育てたりすることがありますが、同じく“かわいさの条件”に反応して「かわいい〜」と思うからでしょう。私たちがネコに「ほかとは少し違うかわいさ」を感じるのは、私たちがほ乳類だからこそです。ほ乳類として、母性本能をかきたてられるからなのです。

第4章

まだある！ ネコの本音

42 怖くてパニックが迷子の理由

ネコは、なわばりをつくって暮らす動物で、そのなわばりはネコにとって「安心できる空間」だということは20ページで述べたとおりです。これはいいかえると、なわばりの中にいれば安心していられるけれど、なわばりの外に出ると不安になるという意味でもあります。動物病院などに行くとき、キャリーに入れたネコが鳴きわめくのは、なわばりの外に連れ出された不安からです。だから、もし行く途中で、なにかのはずみにキャリーのドアが開き、ネコが外に出てしまったとすると、ネコは不安のあまり、どこでもいいから身を隠せる場所に逃げ込もうとします。飼い主の呼び声などまるで無視、残念ながら、それがネコという生き物なのです。アッという間にどこかへ突っ走り、飼い主の視界から消え去ります。これが、ネコが迷子になる最大の理由です。旅行に連れて行った場合にも、同じことが起きる可能性があるのです。

なわばり感覚がまだ定着していない子ネコは別ですが、おとなネコを住みなれた場所から連れ出すときは、常に"逃走"の危険を考えておく必要があります。キャリーのドアを確実に閉めておくこと、むやみにドアを開けないことが大切です。

それでも迷子になってしまったときは、「逃げた場所からそう遠くへは行っていない」と考えて捜索をしてください。不安で怖くてどこかに隠れているはずなのです。「事件発生現場」近くの、ネコがもぐり込めそうな場所を探しましょう。意外なほど長時間、ネコはジッと隠れているもので、数日間も同じ場所にひそんでいた、ということもめずらしくありません。見つけたら、すぐにキャリーに入れてください。抱いて帰ろうとしたら、また途中で逃げてしまうことも、十分に考えられるからです。

知らない場所にいる不安がネコを迷子にする

なわばりの外にいると
ネコは不安と恐怖を
感じる。

とにかく、どこかに
身を隠そうとして
逃げる。飼い主に
頼ろうとはしない。

これが、ネコが迷子に
なる理由。

🐾窓から外を見ているのは、「見張っている」だけ

室内飼いのネコが、開いている窓などから外に出てしまうことがあります。こういうとき多くの人が「ネコが逃げた」といいますが、ネコは逃げたのではありません。室内飼いのネコにとって家の中は自分のなわばりであり、いちばん安心できる場所なのですから、逃げる理由などあるわけがないのです。それを「逃げた」と人がいうのは、室内飼いを「ネコを閉じ込めること」だと思っているからでしょう。「閉じ込めている」と思うから、「逃げた」と思い、そして「逃げた」と思うから、遠くを探すことになるのです。

でも、ネコは遠くに行ってはいません。1歩外に出たとたん、ネコはなわばりの外にいることになるわけで、大きな不安に襲われて、「どこかに身を隠さなくては」と手近なところにもぐり込んでいるのです。「出ていった」場所の近くの、ネコがもぐり込めそうなところを探せば“かならず”といっていいほど、そこにいるものです。

室内飼いのネコにとって窓やドアは、なわばりの境界線で、その内側と外側でネコの心理は大きく違うのです。内側にいるときは安心しているので、「ちょっと行ってみようか」とも思います。好奇心旺盛な若いネコは特にそうです。ところが1歩、外に出たとたんに不安になり、どうしていいかわからなくなるのです。ネコのなわばり感覚とはそういうものです。

やさしい飼い主がいる家、自分のなわばりである家から逃げたいなどとは、ネコは思っていません。窓から外を見ているのは、「自由になりたい」からではなく、「なわばりの外を見張っている」だけです。ネコの心理を正しく知っていれば、イザというときに的確な対処が可能になるというものです。

室内飼いのネコは「閉じ込められて」いるのではない

窓から外を見ているネコは「外に行きたい」と思っているのではない。見張りをしているだけ。

でも開いていたら、「ちょっと行ってみようか」と思う。若いネコほど、そう思う。

でも外に出たとたん不安になる。

「逃げた」のではないから遠くまで"逃走"してはいない。近くにいる。

43　ネコは家の中だけで十分に幸せ

戦後に狂犬病予防法ができたとき、イヌの放し飼いは禁止されましたが、ネコはこの法律の対象ではありませんでした。また人々は長い間、ネコに家の中や周りのネズミ退治を期待していましたから、放し飼いを当たり前と考えてもいました。その感覚が、室内飼いを「家の中に閉じ込める」という発想につながり、「かわいそう」という思いにつながるのだと思います。

イヌは動き回りたいと感じる徘徊性の動物ですが、ネコは違います。そもそも「待ち伏せ型」の狩りをするネコが、「動き回りたい」と感じているとしたら矛盾です。ジッとしていなくてはならない待ち伏せなど無理でしょう。ネコは、必要がなければ動きたくないと思う動物なのです。その証拠に、動物園にいるネコ科の動物はいつも寝ています。エサはもらったし危険もないし、動く必要がないから寝ているのです。

放し飼いのネコは、飼い主の家とトイレと昼寝場所とを行き来しているだけで、ほっつき歩くこと自体を楽しんでいるわけではありません。家の中に快適なトイレと快適な寝場所があれば、外に出る必要はありません。ネコのなわばりとは、自分に必要なものが確保できるスペースのことで、条件さえ満たしていれば、広さは問題ではないのです。飼い主がいつもゴハンを用意してくれ、安全なトイレも快適な昼寝場所も確保される家の中は、ネコにとってなんの不自由もない、完璧ともいえるなわばりです。ネコは家の中だけで十分、幸せに暮らせます。問題なのは、室内飼いを「かわいそうなことを強いている」ことだと思い、罪悪感を持ちながらネコと接することなのです。その気持ちはかならずネコに伝わり、ネコに悪影響を与えることになるでしょう。

ネコは必要がなければ動き回らない

元来、動き回りたいと思う
動物ではない。

44 引っ越しも問題ないが手順が大事

「イヌは人につく、ネコは家につく」と昔からいわれます。だからネコを連れての引っ越しは無理ではないのか、と考える人もいます。もとの家に帰ろうとして家出をするのではないかという意味ですが、そんな心配はまったくありません。ネコが家についたのは昔の話で、現代のネコは間違いなく「人につく」からです。現代のネコにとってなによりも大切なのは、エサを与えてくれる飼い主であり、ネズミなどの獲物がいる「家」ではないのです。だから飼い主の行くところならどこへでも行くのです。

ネコを連れて引っ越しするときに考えなくてはならないのは、その手順です。引っ越し作業の間、ネコをどうしておくのか、いつネコを移動させるのかを含めた手順です。室内飼いの場合、他人が出入りし、かつ窓や玄関が開いたままになれば、恐怖で逃げ出してしまうかもしれないし、放し飼いの場合は、イザ出発というときにネコがいないということにもなりかねません。作業で他人が家に入る前に、どこか1部屋を空けてしまい、引っ越し作業当日は出発までそこにいてもらうようにするのがいいでしょう。万が一のことを考えて、ケージやキャリーに入れておくことです。そのためには、事前に部屋にキャリーなどを置いておいて、なれさせておく必要もあります。ネコがいつも使っているタオルや毛布などを中に敷いておけば、自分のニオイがすることで安心していられるでしょう。引っ越し先が近いなら、引っ越しが終わるまで動物病院にあずけておくという方法もあります。

ネコの性格や引っ越しの状況によって、最適な方法はさまざまですが、当日になってネコのことを考えたのでは、取り返しのつかない失敗も起きます。事前に手順を考えて準備しておくことが、なによりも大切です。

なぜネコは「家につく」といわれたのか？

昔のネコは家の中や家の周りでネズミを捕って食べていた。

ネコにとって"家"は確実で使いなれた猟場だった。

引っ越し先で新たに猟場をつくるより、もとの猟場に帰りたいと思ったネコもいたはず。

現代のネコはエサのすべてを飼い主に頼っている。飼い主のいるところが自分の居場所。置いていかれたら路頭に迷うしかない。

🐾引っ越しは室内飼いに変える最大のチャンス

引っ越し先に着いたら、引っ越し作業を進めたときと逆の手順をたどると考えればいいのです。つまり、まず1部屋にネコを入れて閉め切っておき、家具などの搬入を終わらせます。作業が終わり、他人がいなくなった段階で、ネコを部屋から解放します。

怖がって出てこないようなら、部屋のドアを開け放って、そのままにしておけば、いずれ出てきて家の中を探索し始めるはずです。探索が始まったら、自由にさせておきましょう。それがネコを新しい環境になれさせるためのいちばんの方法です。

放し飼いをしていたネコの場合は、引っ越しを機会にぜひ室内飼いに変えてください。新しい家に着いたときから、外に出さなければいいだけです。遠くへの引っ越しは、室内飼いに変えるためのもっとも確実な方法なのです。このチャンスを逃す手はありません。

ネコが家の中をあちこち歩き回りながら探索をするのは、新しい環境が安全かどうかを確かめているのです。それは「新しいなわばり」をつくるための作業で、安全が確認できた場所、それが「新しいなわばり」なのです。放し飼いだったネコを絶対に外に出さなければ、「新しいなわばり」は家の中だけになるわけです。「外に出ていたネコだから外に出たがる」などというものでは決してありません。ネコのなわばりとは、広さを必要とするのではなく、必要な条件を満たしているかどうか、それこそが重要なのだということを忘れないでほしいものです。

最後に、新しい環境にネコを早くなれさせるためには、家族が極力いつもどおりにふるまうことです。飼い主がピリピリしていたら、ネコもピリピリしてしまいます。いつもと同じ空気を漂わせること、これがなによりも大切なのです。

引っ越しの手順

① ネコをどうやって目的地まで運ぶかを考える。

事前に料金や条件などを調べておこう。

② 引っ越し当日の手順を考える

いつネコをケージに入れ、
どこに置いておき、
いつ搬出するのかを
考える。

ネコを輸送する方法

電車に乗せて連れて行く

窓口で「手回り品」切符を買いキャリーにつける。車内でキャリーから出すのは不可。ヒザの上に置くと揺れが少ない

バスに乗せて連れて行く

路線バスは、手回り品料金がかからない場合が多いが、事前に確認しよう。高速バスへのペットの持ち込みは不可

フェリーに乗せることもできるが、なるべく輸送時間の短い方法をとるほうが安全

飛行機に乗せる（国内）

人といっしょに乗る場合は手荷物扱い。貨物室で運ばれるが、貨物室は客席と同じ空調。がんじょうなケージの貸し出しあり。当日に申し込めるが、個数に制限があるので、料金を含めて事前に調べておくといい

ネコだけを貨物として輸送することもできる。いずれの場合も誓約書を書く必要あり。誓約書はネットでダウンロードすることもできる

ペット専門の輸送業者もある。ただし、ネコの健康を考えると、長距離は利用しないほうがいい

45 ネコは親子や兄弟をそれと認識する？

ネコは、親子や兄弟であることを認識しているのでしょうか。認識しているとしたら、「血縁であることを認識している」ということで、血縁であることを認識するということは、父親と交尾をした母親から自分や兄弟が生まれたと認識するということで、それはネコには無理でしょう。おそらく、人間のおとな以外には認識できないことだと思います。

ネコは生まれたとき、ひたすら庇護（ひご）を求めるだけです。それが母ネコであろうと人間であろうと、そばにいる温かい存在に庇護とミルクを求めるだけです。野生の場合、庇護を与えてくれるのは間違いなく母ネコです。もし母ネコが死んでしまい、人が子ネコを保護したとしたら、子ネコはなんの疑いもなく人間に庇護を求めます。子ネコにとっては、とにかく頼れる存在が必要だというだけです。

一方、出産した母ネコは、ホルモンの影響で"母性本能"がかきたてられ、一生懸命に子ネコたちの世話をします。「なん匹生まれた」という意識はありませんから、というより正確な数を数えることはできませんから、同じニオイさえすれば、よその子であろうと分け隔てなくめんどうをみます。そこには「守ってほしい」と望む"子ネコ"と「守ってやりたい」と思う"母ネコ"がいるだけで、血縁など関係ないのです。

さらに子ネコは、自分といっしょに育つ兄弟たちを"安心できる仲間"と認識しているだけで、やはり血縁は関係ありません。子ネコのときからいっしょにいれば"兄弟"と同じです。動物の世界では、「親子のように暮らせば親子」、「兄弟のように暮らせば兄弟」というわけです。

ネコの家族観

動物に血縁とか親族という発想はない。

誰の子だろうと、親子のように暮らせば親子。
兄弟のように暮らせば兄弟。

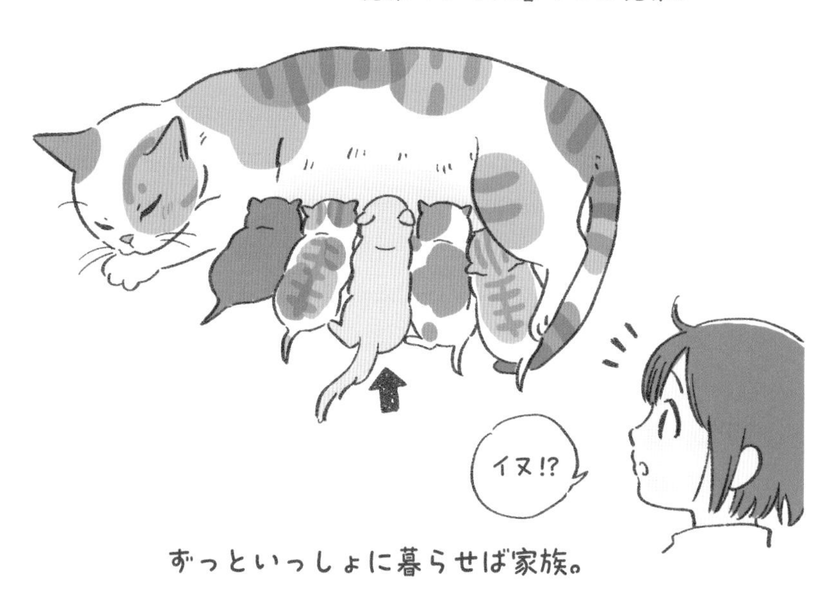

ずっといっしょに暮らせば家族。

子ネコが仲間を認識する時期がある

子ネコは生後約１週間で目が開き、次いで耳の穴も開きます。耳は、耳の穴が開いたときから聞こえますが、目は開いても最初は明暗がわかる程度です。生後２週間目くらいからものが見えるようになり、このときから自分の周りの世界を認識し始めます。

以後、生後約７週までの間に、自分の住む環境というものを認識します。その"環境"には「自分の仲間」についての認識も含まれます。この生後２～７週の時期を子ネコの「社会化期」と呼んでいます。

子ネコは、社会化期に接触し触れ合った動物を自分の仲間とみなすのです。よくイヌや小鳥、ハムスターなどと仲良しのネコがいますが、社会化期からそれらの動物といっしょに暮らしているか、またはいっしょに暮らした経験があるということなのです。

ネコが人になれるのも、社会化期から人と接しているからです。社会化期にネコと人に接していれば、ネコと人に親和性を持ち、社会化期にネコと人とイヌと暮らしていれば、ネコと人とイヌと仲良く暮らせるのです。逆に、目が開く前に１匹だけで保護されたネコは、人には親和性を持つものの、ほかのネコとは仲良くできないことが多いものです。

もし生粋のノラネコが、おとなになるまで１度も人と接した経験がなかったとしたら、人と深い絆を結ぶことはできないでしょう。たとえ飼われても、人を「エサをくれる危険ではない存在」としか思えず、常に距離を保ったクールな関係しか結べないのがふつうです。「ノラネコの子を保護するなら、なるべく早い時期に」というのは、社会化期のうちに保護しないと、人と仲良く暮らすことができないからという意味です。

ネコが仲間を認識する時期

子ネコは生後2～7週の社会化期に
“自分の仲間”を認識する。

その間に人との接触がないと、
人に対して距離をおくネコになる。

社会化期に人と
接するから、
人に甘えるネコになる。

多種の動物と接して
いると、ずっと仲良しで
暮らす。

46　1匹で飼われたほうが幸せなネコも

社会化期を兄弟とともに暮らすと、おおらかな性格のネコに成長するものです。兄弟といっしょに冒険をしながら自分の世界を広げていった経験が、おおらかな性格とネコを自分の仲間とする心を育むからです。反対に兄弟との接触なしに育った子ネコは、ほかのネコとの親密なつきあいが苦手で、やや臆病な性格に成長することが少なくありません。ただし、これらはネコたちの個性であり、人とのつきあいの中で、それぞれにユニークさを発揮するものです。おおらかな性格のネコは人類博愛主義の八方美人、臆病なネコは飼い主ベッタリで、どちらも、それぞれ魅力を発揮してくれます。

問題なのは、飼い主が「1匹だけでは寂しいはず」と判断し、新たにネコを迎えることです。ほかのネコとのつきあいが苦手なネコにとっては大きなストレスになるはずですが、「みんな仲良しがいちばん」という人間の基準を当てはめて疑わない人は、なんの疑問も持ちません。でも、1匹だけで飼われたほうが、ずっと幸せなネコがいるのは確かで、「1匹だけでは寂しいだろう」と考えるのは、人間の発想でしかないのです。

ネコはストレスを感じていても顔や態度に出ませんから、飼い主は気づかないことがよくあります。布団などにスプレーをするようになって初めて気づいたという場合や、同居ネコが入院などでいなくなったとたんにホッとしたようにリラックスした態度になって初めて気づいたという場合がほとんどですが、気づいてやれなかったのは飼い主として恥ずかしいことともいえます。ネコの幸せの形は私たちの幸せの形と同じではないということを正しく理解した上で、ネコの幸せとはなにかを冷静に考えたいものです。

ネコどうしの仲は、社会化期の経験が影響する

生後2週から7週の時期、
子ネコはいろんなことを学ぶ。

その時期に触れ合った“動物”を自分の仲間だとみなす。

ほかのネコと触れ合った経験のないネコは、ネコを仲間だとはみなさない。

子ネコのときからいっしょに飼っていれば、仲良しのまま暮らせる。

🐾初対面のネコの出会いはネコたちにまかせる

複数のネコを飼いたいのなら途中から増やすのではなく、最初からいっしょに飼うほうが問題なく馴染むものですが、さまざまな事情で、すでにネコを飼っている家庭に新たにネコを迎えざるをえないこともあるでしょう。先住ネコがネコ好きであることがわかっている場合、新たに迎えるのが子ネコなら、まず問題はありません。すぐに仲良くなっていっしょにすごすようになることでしょう。

新参ネコがおとなで、子ネコ時代の環境がわからないという場合は、とりあえず会わせてみて、そのときの様子で判断するのがいいでしょう。初めて顔を合わせたネコどうしは、一見ケンカのような状況になることもありますが、引き離したりせずに見守るほうがいいときもありますので、ネコの飼育になれている人に同席してもらうのもいい方法です。大切なのは、お互いの関係を見きわめて、無理じいをしないことです。要するに、ネコたちにすべてまかせるのです。ネコどうしのつきあいは、いっしょに寝ている日があるかと思えば、威嚇し合ったりケンカをしたりという日もあるもので、人間の「仲良し」と同じモノサシで判断することはできません。「いつもいっしょ」の仲良しもあれば、「近くにはいるけど、くっつかない」仲良しもあります。反対に「仲良しに見えるだけで、実はお互いに無視」という関係もあるのです。飼い主の意志を押しつけるのではなく、ネコのやり方を認め、それを援助する気持ちが大切です。

ただし、ネコにも相性というものがありますから、数日間、様子を見て、どうしてもダメなときは返すことができるよう約束をしておく、またはそういうシステムのあるところから迎え入れるようにすれば安心です。

新たにネコを増やすときは

新しい仲間とすぐに
じゃれ合うネコもいる。
特に子ネコの場合。

最初は威嚇しても、だんだんと仲良くなる場合もある。
すぐに隔離するのではなく、そばにいて様子を見る。

ただし、イザという
ときに逃げ込める場所を
つくっておく。

1匹で10才すぎまでいたネコ
には、新しい仲間を増やさない
ほうが無難。もうウザイだけ
という可能性大。

🐾新参ネコは自分への注目を“殺気”と感じる

捨てネコを保護して新たな仲間として加えたいという場合は、すでにいるネコとの相性など考えていられないということもあるでしょう。なんとかして折り合いをつけてもらうしかないという場合もあるはずです。

もし新参ネコがおびえているようなら、大きめのケージを用意して、とりあえずその中で暮らしてもらうのがいいでしょう。自分だけの場所があれば、ネコは安心していられます。その安心感が新しい環境への順応を助けてくれるはずです。もとからいるネコとはケージ越しにつきあうことで、なれてもらいましょう。

新参ネコがなれるまで、飼い主はネコの目を凝視しないように気をつけてください。人間社会と同じくネコの世界でも、「知らない者の目を凝視するのは敵意の表れ」になるからです。たとえ愛情を持って見つめたとしても、新参ネコをさらにおびえさせることになります。ネコと目を合わせないようにしながら、様子をチェックしましょう。加えて、新参ネコの近くでは常に「無関心をよそおう」ことも大切です。ネコだけでなく動物は第六感がすぐれていて、人の関心を敏感に感じ取り、それを“殺気”と判断して緊張するのです。どんなになれているネコであっても、薬を飲ませようと思って見たとたんに飛んで逃げるものですが、同じく“殺気”を感じ取っているのです。

新参ネコの近くでは極力ゆっくりと、かつ「心ここにあらず」の雰囲気で動くよう心がけましょう。ケージの近くに座り、決してネコのほうを見ずに、ボーッとしていたり、昼寝をしたりするのがいい方法です。人が空気のような存在になることで新参ネコはリラックスします。リラックスした空気の中でネコどうしが出会うことで、よい関係も生まれるものです。

恐怖心の強いネコを加える場合の注意点

とりあえず、ケージの中で
暮らしてもらう。

ケージのそばで人が
リラックスした雰囲気をつくる。
その雰囲気の中で古参ネコと
対面させることが大事。

なれてきたと思ったら、
新参ネコをケージから出して
みる。イザというときは
新参ネコがケージに
逃げ込めるようにしておく。

飼い主がピリピリしてはダメ。

47　ネコにはライバル意識がない

ライバル意識とは、「ほかの者より上位にいたい」という競争意識です。そして競争意識とは群れ社会特有のものです。他の者より優位に立つことで、群れの中での自分の立場をより有利にしたいという意識なのです。

私たち人間はイヌと同じく群れ生活者で、群れ生活とは上下関係の秩序の中で生きるということです。もし上下関係の秩序がなかったら、争いばかりで社会は混乱するばかりでしょう。ただ、群れの下位のメンバーは上位のものに遠慮したり、なにかをがまんしたりしなければなりませんから、チャンスがあればより上位に立って自分の立場を有利にしたいと内心、思います。それがライバル意識です。人間もイヌも、多かれ少なかれライバル意識を持っています。嫉妬や優越感、劣等感なども、群れ生活者としての心理です。

ところがネコは単独生活者ですから、群れの中の順位というものとは無縁です。子ネコのときは母ネコや兄弟ネコとともに"群れ"生活をしますが、あくまで赤ん坊の立場から見た親子関係や兄弟関係で、おとな社会の上下関係ではありません。だから、人間やイヌのようなライバル意識はないと考えるべきです。同様に、嫉妬心や優越感、劣等感も感じないと考えてよいでしょう。

イヌを飼うとき、飼い主がリーダーになっていないと言うことを聞かなくなるというのは、イヌが飼い主をライバル視するからでしょう。その点、ネコにはそんな心配は無用です。どんなに甘やかして育てようと、ネコは赤ん坊気分で飼い主に甘えてワガママをいうだけです。そのワガママを楽しんでまったくかまわないペットだといえるのです。

ライバル意識とは群れの動物特有の気持ち

ライバル意識とは群れ社会の順位に対する不満。
もっと上位に立ちたいという欲求から生まれるもの。

単独生活者のネコに
ライバル意識はない。
社会の上下関係とは
無関係。

兄弟間の力関係は成長の差

子ネコはふつう３～５匹がいっしょに生まれ、生まれるとすぐ、母ネコのオッパイに吸いつきます。母ネコの乳首はふつう４対(８コ)ありますが、場所によって“出”が違います。後ろあしに近い乳首ほど、たくさんミルクが出るのです。子ネコたちは“出”のよい乳首に吸いつこうとします。でも生まれた時点で子ネコたちの大きさや力には差がありますから、けっきょく、体が大きくて力の強い子ネコがいちばん“出”のよい乳首を獲得します。そうやって生まれて数日のうちに、子ネコたちそれぞれの専用乳首が決まります。子ネコの世界の力関係は成長の差なのです。

大きくて力の強い子ネコが“出”のよい乳首を占有するのですから、成長とともにさらに力の差は大きくなります。そして離乳して巣から出るようになると、いちばん大きな子ネコが率先して行動するようになります。一見、リーダー格のように見えますが、たんに成長が早いせいで“言い出しっぺ”になっているだけです。ほかの子ネコは“言い出しっぺ”につるんで行動しているのです。

子ネコに「つるみ癖」があることは36ページで述べたとおりですが、つるんで全員で行動することで、１匹だけでは怖くてできないことも「みんなでやれば怖くない」の心境でできます。そして、それが子ネコたちの世界を広げていくのです。

複数のネコを飼っていると、おとなになっても子ネコ時代と同じような力関係が生じます。いってみれば、より乱暴なネコほど好き勝手に行動し、おとなしいネコがそれを容認する形です。また、力関係は日によって、またはケースバイケースで変わったりもします。ネコの世界は、順位とか秩序とは関係なく、それぞれが気ままに、その日の気分でやっているといったところです。

兄弟間の力関係

ネコの兄弟には、生まれたときから大きさに差がある。大きな子のほうが力が強い。

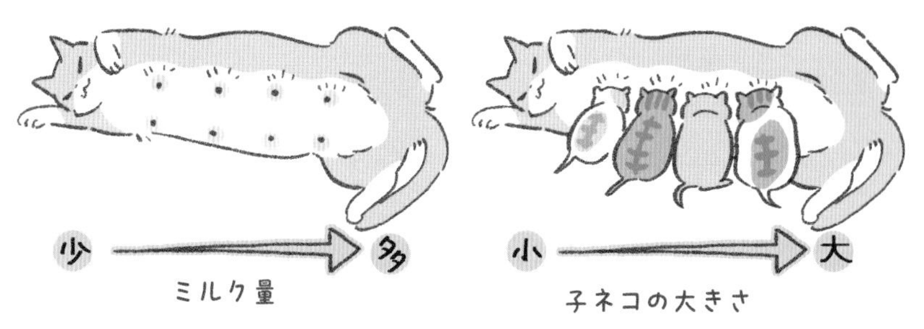

ミルクの"出"のよい、後ろあしに近い乳首を、
大きい子ネコが占有する。

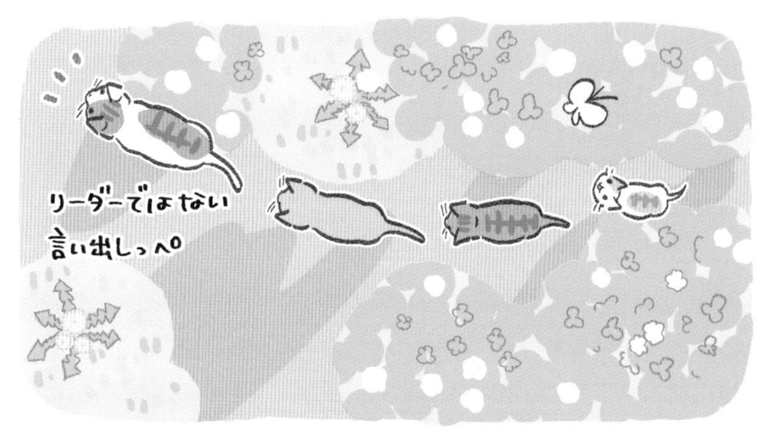

成長の早い子ネコが率先して行動。
ネコの力関係は成長の差。

48 ネコは飼い主家族をうまく使い分ける

単独生活者であるネコにはリーダーという発想はありませんから、一家の主人など理解しません。家の中で誰が権力を持っているかなど、ネコにとってはどうでもよいことなのです。ネコにとって大切なのは、誰が自分に快適さを与えてくれるかということだけです。

ネコは家族のメンバーそれぞれを、自分の都合によって上手に使い分けているといっても過言ではありません。お腹がすいたとき誰に甘えれば食事が出てくるのか、誰のヒザの上が快適な昼寝と愛撫を与えてくれるのか、夜は誰の布団に入ればグッスリと寝ることができるのか、遊びたいときは誰を誘えばよいのかを知っていて、自分の必要に応じて必要な人のところへ行くのです。

イヌにとっては尊敬の的であるはずの一家の主は、ネコにとってなんの役にも立たないことが、ほとんどです。エサを用意してくれるわけでもなく、遊んでくれるわけでもなく、ヒザの上は寝心地が悪く、布団の中でネコのために寝場所をゆずってくれたりはしないのがふつうだからです。要するに、ネコにとって必要なものを提供してくれることはないのが一般的で、だからネコにはどうでもよい存在なのです。極端にいえば、「自分のじゃまさえしなければ家にいてもかまわない」くらいにしか思っていないと思います。ネコとは、そういう生き物です。

もし一家の主人がネコに好かれたいと思うなら、いつもエサを用意し、暇さえあればネコにヒザを提供し、ネコの嫌がることは絶対にせず、そして毎晩、ネコに布団をゆずることです。かつ絶対にネコをどなったりしなければ、必要な存在として認め、おおいに利用してくれるはずです。がんばりましょう。

ネコが好きな人

ネコが好きな人とは…

つまり、自分に都合のよい人が好き。

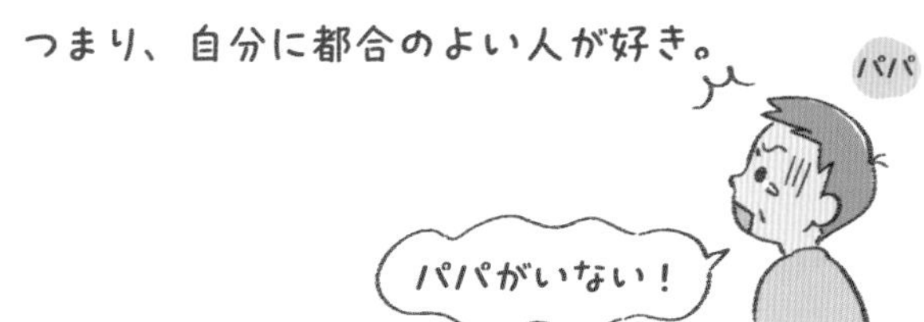

49　ネコ好きでもネコに嫌われる人はいる

「ネコ好きはネコが知る」という言葉があります。初めて会った人がネコ好きであるかどうかをネコは瞬時にして見抜き、ネコ好きにはすぐになつくという意味です。ネコ好きほど、この言葉を信じているようですが、実際にはそうともかぎりません。ネコ好きなのにネコに嫌われる人もいるのです。

原因は、「ネコ大好き！」と思うあまり、一気にネコに近づいてしまうことです。この“勢い”をネコは殺気として受け取ります。まして、「かわいい〜！」とネコの目をジッと見つめギンギンの迫力で近寄れば、ネコはケンカをふっかけられているとしか思いませんから、逃げ出して当然です。

ネコが殺気を感じないのは、ゆっくりとした動きをする人で、かつ自分に関心を示さない人です。そういう人なら、初めて会った人のそばでもリラックスしています。要するに、空気のような存在の人なら、なんの不安も感じずにいられるのです。大急ぎでキビキビとした動きで部屋に入ってくる客人には、恐怖心を感じるものです。

さて、ネコ好きであることがネコにはわからないことはあっても、ネコが嫌いだと思っている人、特にネコを怖いと思っている人のことは、すぐわかります。そういう人は、“嫌悪感”または“恐怖感”というべきものを発散するからです。人間にはわかりませんが、ネコは動物としての第六感で察知します。敵意や恐怖を感じている“動物”は、いつ身を守るために攻撃をしてくるかわかりませんから、ネコは「危険だ」と思い、「早いとこ逃げておこう」と思います。ですから正しくは「ネコ嫌いはネコが知る」というべきです。

ネコ好きはネコが知る？

ネコ好きでもネコに嫌われることがある。

そのギンギンのエネルギーを殺気だと思う。
はたまた、

ネコ嫌いはネコもビビる。
人が出す"恐怖感"を察知している。

50 年齢とともにネコに表れる変化

ネコは年を取っても若く見える生き物で、人はなかなかネコの老化に気がつきません。でも13～14才くらいからは、だんだんと、老化の症状が見られ始めます。

最初に気づくのは、あまり動かなくなり寝ている時間が長くなるということでしょう。好奇心も弱くなり、周りのことにあまり興味を示さなくなり、食事とトイレの時間以外は、いつも寝ているようになってきます。飼い主が帰宅したときかならず玄関まで出迎えていたネコも、だんだんと出迎えをしなくなります。聴力が衰えて、ドアの開く音に気づかないのです。部屋に入ってもグッスリと寝ていて、そばで名前を呼ばれて、やっと「あら？」と顔を上げるというようなことになります。視力も衰えてきますが、家の中の暮らしでは人がそれに気づくことはあまりありません。イヌと違い、ネコは白内障があっても、あまり目立ちません。

また、グルーミングの頻度が減り、若いころほど熱心には体をなめなくなります。食べ物の嗜好が変わり、若いときは食べなかったものを食べたがるようになることもあります。認知症が出て、夜中に台所のすみなどに行って大きな声で鳴くようになったり、トイレ以外の場所でオシッコやウンコをしたりすることもあります。

ネコによって、さまざまな老化現象が起こりますが、飼い主はそれにうまく対処していかなくてはなりません。手のかかることも多いし、ウンザリさせられることもあります。でもネコは、これまでと同じように生きているつもりなのですし、飼い主に対する依頼心は昔と変わりません。飼い主の愛情を求めていることも昔と変わらないのだということを忘れないでください。

年を取ったネコの老化現象

ほとんど寝てばかりで
出迎えにもこなくなる。

グルーミングを
あまりしなくなる。

食べ物の好みが変わる。

夜中に鳴く。
理由は不明。

トイレ以外の場所で
そそうをする。

🐾「なにがあっても楽しく」をモットーに

最期まで、きちんとトイレを使うネコもいれば、年齢とともにトイレトラブルが増えるネコもいます。前あしだけトイレに入れて後ろあしはまだトイレの外に残したまま、やってしまうこともあれば、体力的にトイレに入りづらいということもあるでしょう。なにが原因でトラブルが起きているのかをよく観察し、縁の低いトイレに変えたり、トイレではなくペットシートに変えてみたりと工夫をすることは大切ですが、若いときのトイレトラブルと違い、ある程度はしかたがないとあきらめることも必要です。

トイレトラブルだけではありません。食事の直後に吐くことも多くなり、カーペットや畳をよく汚すようになります。やっと掃除が終わったと思ったらまた汚す、ということが続くと、イライラしてしまいますが、ネコを叱ることだけはしないでください。悪気はないのですし、老化のせいなのですから、しかたがないのです。それをわかってあげないとネコがかわいそうです。

効果的な掃除方法を工夫することに頭を切り換えてみるのもいいでしょう。考えついた方法を試してみたくて、ネコのトイレトラブルや床汚しが待ち遠しくなるかもしれません。どうせ掃除をするのなら、楽しくやったほうがずっとラクです。人間が楽しそうにしていればネコも楽しいはずです。「なにがあっても楽しく」をモットーにしたいものです。

そして、寝てばかりいるとしても、1日に1度はネコを抱いてあげましょう。「抱っこ」をせがんで寄ってくることがなくなっても、抱っこ嫌いになっているわけではなく、ただ行動が鈍くなっているだけなのです。おだやかなスキンシップと語らいは、老いたネコに幸せな時間を与えます。ネコは短時間の触れ合いで満足し、またベッドに行って眠ります。それでいいのです。

カーペットや畳の上にそそうをしたとき

小さな汚れなら、トイレ掃除用の使い捨てシートを使うとラク。

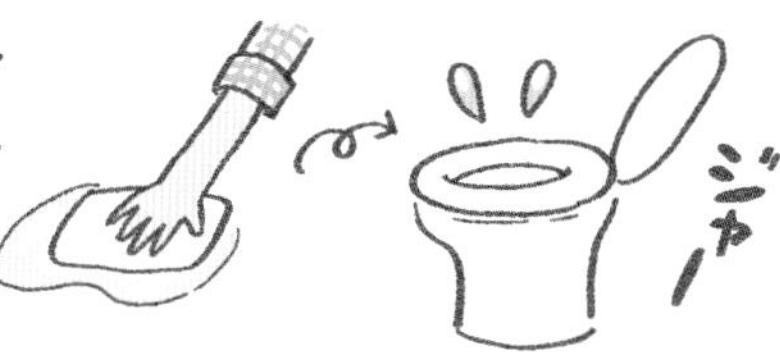

大きな汚れはティッシュなどで取ったあと、熱湯をかけて乾いた布で水分を取る。

※床の素材によっては熱湯で変質するので、事前に確認しておく。

新聞紙を手近なところに置いておき、ウンコをしそうになったときや吐きそうになったとき、上手に新聞紙をさし出すのがいちばん手間いらず。

1日に1度はスキンシップの時間をつくる。ネコの精神衛生のため。

column

死ぬときに姿を隠すというのは本当？

動物は体のぐあいが悪いとき、どこかでジッと休んでいたいと思うものです。それは静かで少し薄暗い、誰にもじゃまされない場所であるはずで、ネコであれば、物置のすみや縁の下などでしょう。何日か、そこで休んで元気になれば、また出てきてふだんどおりに暮らすのでしょうが、元気になれずに、そのまま死んでしまったとしたら、死体はずっとその物置や縁の下に横たわったままになります。昔、ネコはみな放し飼いでしたから、そういうとき飼い主は「ネコがどこかへ行ってしまった」と思い、そのまま月日が経ってしまっていたのでしょう。のちに物置を片づけたり、家を立て替えたりしたときに、ネコの死体が発見されます。すると、「死ぬためにここに入り込んだ」と思うわけです。それが「ネコはどこかへ死ににいく」とか「死ぬときは姿を隠す」といわれてきたゆえんです。

イヌもぐあいが悪いときは、同じようにどこか静かな場所で休みたいと思うはずです。でもイヌはつながれているか室内飼いですから、それができません。室内飼いのネコも同じです。ぐあいの悪いときは、廊下のすみなど、人のこないところにうずくまってジッとしています。

ただし、そういうことをするのは、野性味の強いネコだけです。最近のネコは甘ったれですから、ぐあいが悪いと逆に飼い主にまとわりつく傾向があります。そして、そういうネコには飼い主のスキンシップが回復に大きな効果をもたらす傾向もあります。

本当に野性味の強いネコは、ふだんは甘えていても、ぐあいの悪いときには人に触られるのを拒むものです。ぐあいが悪いと野生的な本能が表れるということなのでしょう。ウッカリ窓を開けていると「死ににいく」可能性もありますから気をつけましょう。

「ネコは死ぬときに姿を隠す」といわれる理由

昔のネコはぐあいの悪いとき、
どこかで静かに休みたいと思った。

そのまま、死んでしまう
ことも多かった。

のちに死体が見つかると、
人は「死ににいった」のだ
と思った。

現代の室内飼いのネコは
家から出ることは
できないので、ぐあいが
悪くても家にいる。

「触るな！」と怒るネコも
いるが、逆にまとわりつく
ネコもいる。

主要参考文献

林良博 監修『イラストでみる猫学』(講談社、2003 年)

川口國雄 著『老齢猫としあわせに暮らす』(山海堂、2006 年)

ブルース・フォーグル 著、加藤由子 監訳
『あなたのネコがわかる本』(ダイヤモンド社、1993 年)

増井光子 監修『動物の寿命』(素朴社、2006 年)

宮田勝重 著『ネコとつきあう本』(日本交通公社出版事業局、1986 年)

ブルース・フォーグル 著、小暮規夫 監修『猫種大図鑑』(ペットライフ社、1998 年)

荒島康友 著『ペット溺愛が生む病気』(講談社、2002 年)

人獣共通感染症勉強会 著『ペットとあなたの健康』(メディカ出版、1999 年)

今泉忠明 著『野生ネコの百科』(データハウス、1992 年)

MSD 運営「MSD マニュアル プロフェッショナル版」(https://www.msdmanuals.com/ja-jp/)

著者　加藤由子（かとう・よしこ）

1949年、大分県生まれ。日本女子大学卒業。専門は動物行動学。移動動物園、多摩動物公園、上野動物園の動物解説員を経て、主に動物に関する書籍を執筆。著書は『雨の日のネコはとことん眠い』（PHP研究所）、『猫とさいごの日まで幸せに暮らす本』（大泉書店）、『イラスト解説　猫のしぐさ解読手帖』（誠文堂新光社）など多数。

装丁　渡辺 縁
本文デザイン　笹沢記良
イラスト　まなかちひろ
校正　曽根信寿、ヴェリタ
編集　田上理香子

本書は、加藤由子著『ネコ好きが気になる50の疑問』『ネコを長生きさせる50の秘訣』（SB クリエイティブ）から抜粋し、加筆のうえ、再構成したものです。

ネコの気持ち（きもち）がわかる50のポイント

2024年3月13日　初版第1刷発行

著者　加藤由子
発行者　小川淳
発行所　SBクリエイティブ株式会社
〒105-0001 東京都港区虎ノ門2-2-1

印刷・製本　株式会社シナノ パブリッシング プレス

本書をお読みになったご意見・ご感想を
下記URL、右記QR コードよりお寄せください。
https://isbn2.sbcr.jp/24392/

Ⓒ加藤由子 2024　Printed in Japan　ISBN 978-4-8156-2439-2